天顺四年

（一四六〇年一月二十四日至一四六一年二月九日）

一五七一　天顺四年二月初二日　兴安侯徐亨卒

《明英宗实录》卷三一二

己酉，興安侯徐亨卒。亨，湖廣大冶縣人。祖祥封興安伯，亨嗣其爵。永樂丁亥，督工營造。甲午，扈駕北征。至土剌河得馬三千餘匹。宣德丁未，充副總兵征交阯。戊申還師。正統甲子，以征迤北功陞興安侯，錫誥券，命鎮守陝西。在鎮侈用，有司所供日費白金十二兩①。小民苦之，以老取回。至是卒，訃聞，輟視朝一日，賜祭。命有司營葬，謚武襄。子賢嗣。

① 十二兩　抱本作二十兩。

一五七二　天顺四年二月十一日　重造大龙兴寺

《明英宗实录》卷三一二

重造大龍興寺。寺在鳳陽，洪武間建，有御製碑文及御書第一山三字。正統五年被火。天順二年折都督府①等衙門三百餘間改造。至是，住持僧以人夫不足，請于附近衛所、州縣發丁夫協造。從②之。

① 折都督府　舊校改折作拆。
② 從之　影印本之字不明晰。

一五七三　天顺四年二月十一日　重作凤阳大龙兴寺　《国榷》卷三三

戊午。重作鳳陽大龍興寺。正統五年火。

一五七四　天顺四年二月十七日　命修滑县土城及颛项等庙宇　《明英宗实录》卷三一二

命修築滑縣土城，及顓頊帝嚳、孔子、城隍等廟宇。從本縣奏請也。

一五七五　天顺四年二月二十八日　修南京天地坛殿宇　《明英宗实录》卷三一二

修南京　天地壇殿宇。

一五七六　天顺四年二月　重造大兴龙寺

重造大興龍寺。

朱国祯《大政记》卷一六，并见《明书》卷八

一五七七　天顺四年四月初四日　改造南京皇城外守卫直房

改造南京皇城外守衛直房百餘間。

《明英宗实录》卷三一四

一五七八　天顺四年四月十六日　钦定郡王府第基址制度

壬戌，先是　上命山西布按二司於代、蒲、霍、忻、絳諸州造代府各郡王府第。至是，工部具府第式樣以進。　上定其基址地東西二十丈、南北三十丈，俾勿過制。

《明英宗实录》卷三一四

一五七九　天顺四年五月初四日　修造广德祠山神庙

乙卯，修造直隶廣德州祠山神廟。從巡撫左副都御史崔恭奏請也。

《明英宗实录》卷三一五

一五八〇　天顺四年六月初十日　大运西仓南草场设二门

乙卯，户部奏通州大運西倉墻南草場新設二門，合用把門辦事官四員，致仕軍官四員，軍二十名。及墻外冷鋪五處，合用守鋪軍二十五名。欲行吏、兵二部如例撥送。從之。

《明英宗实录》卷三一六

一五八一　天顺四年六月十一日　通州新盖仓廒命名大运南仓

丙辰，命通州草场新盖仓廒名曰大運南倉。

《明英宗实录》卷三一六

一五八二　天顺四年六月十一日　通州新仓成

丙辰。通州新倉成。曰大運南倉。

《国榷》卷三三

一五八三　天顺四年七月初六日　征天下逋逃工匠

徵天下逋逃工匠三萬八千四百餘名。初，工匠赴役，驅迫勞勩，多逃去。董役者又往往利其賂，私縱之。至是，以成造乏工，累令工部捕未至。上咎工部息事，責限令完。工部請令吏部銓官二十員，往天下嚴督有司，悉捕赴京。從之。

《明英宗实录》卷三一七

一五八四　天顺四年七月二十二日　命修南京皇墙及内外城垣　《明英宗实录》卷三一七

命修南京皇墙及内外城垣，以其久雨坍塌也。

一五八五　天顺四年七月二十九日　命工部大臣督运木植　《明英宗实录》卷三一七

命工部左侍郎霍瑄督運木植。初，以各處輸運木植露積於運河之側未上廠，命工部右侍郎翁世資同都督僉事趙輔督運。至是，世資得罪，故命瑄代之。

一五八六　天顺四年七月二十九日　工部大臣督运大木　《国榷》卷三三

工部左侍郎霍瑄督運大木。

一五八七　天顺四年七月二十九日　工部官员以忤旨得罪　《明英宗实录》卷三一七

降工部右侍郎翁世資為湖廣衡州府知府。初，上欲命中官往蘇、松、杭、嘉、湖五府於常額外增造綵段七千匹。工部奏，其處巧匠多取赴內局，且絲料有限，請減增造之數，以蘇民困。上怒，訊其主意者。尚書趙榮、左侍郎霍瑄俱稱出於世資。上曰，世資欺公要誉，錦衣衛其收鞫問。榮等姑宥之。既而世資具伏請罪，送刑部論贖徒。贖既，故有是命。

一五八八　天顺四年八月二十五日　御马监盖造马神庙工毕　《明英宗实录》卷三一八

御馬監蓋造馬神廟工畢，遣太監劉永誠致祭。

一五八九　天顺四年八月二十六日　光禄寺大烹内门火　《明英宗实录》卷三一八

己巳，光祿寺大烹內門火。刑部請治掌寺事禮部右侍郎蔚能等提督不嚴之罪①。詔宥之。

① 不嚴之罪　影印本之字不清楚。

一五九〇　天顺四年八月二十六日　光禄寺大烹内门火　《国榷》卷三三，并见《明史》卷二九

己巳。光祿寺大烹內門火。

一五九一　天顺四年八月二十六日　光禄寺火　朱国桢《大政记》卷一六

己巳，光祿寺火。

一五九二　天顺四年九月初四日　新作西苑殿亭轩馆成　《明英宗实录》卷三一九

丁丑，新作西苑殿亭軒館成。苑中舊有太液池，池上有蓬萊山。山顛①有廣寒殿，金所築也。西南有小山，亦建殿於其上，規制有巧，元所築也。② 上命即太液池東、西作行殿三。池東向西者曰凝和，池西向東對蓬萊山者曰迎翠，池西南向以草繕之而飾以堊曰太素。其門各如殿名。有亭六，曰飛香、擁翠、澄波、歲寒、會景、映暉。軒一曰遠輙，③館一曰保和。至是始成。 上臨幸，召文武大臣從之，游賞竟日。

① 山顛　廣本作山頂。

② 規制有巧元所築也　廣本有作尤，是也。巧下衍於字。

③ 遠輙　廣本抱本輙作趣，是也。

一五九三　天顺四年九月初四日　西苑殿亭成

丁丑。西苑凝和迎翠太素等殿飛香擁翠澄波歲寒會景映輝等亭成。上臨幸。召文武大臣。遊賞竟日。

《国榷》卷三三

一五九四　天顺四年九月初七日　赵王葚命有司营丧葬

庚辰，趙王祁鎡薨。王，趙惠王長子，母妃王氏。宣德六年生，正統九年封為世子，景泰六年襲封。至是薨，享年三十。訃聞，上輟視朝三日，謚曰悼，遣官致祭。命有司營喪葬。

《明英宗实录》卷三一九

一五九五　天顺四年九月十七日　修理凤阳等卫城垣

中都留守司奏，鳳陽等衛城垣坍塌者多，而各衛軍餘見存用工者少，雖終年弗克成功。請令鳳陽府州縣起夫役、物料相兼修理。從之。

《明英宗实录》卷三一九

一五九六　天顺四年九月十八日　楚王奏失火殿庙悉毁

楚王奏，今年四月府中火累起，隨救隨熄。[1]至八月十八日復火，經晝夜不絶。宫殿、家廟、門廊并所賜釋、道藏經悉燬。命所司覆實以聞。

①隨熄隨救　廣本熄作滅。

《明英宗实录》卷三一九

一五九七　天顺四年九月　西苑殿馆成

九月

西苑殿館成。

朱国桢《大政记》卷一六

一五九八　天顺四年九月　西苑殿馆成

九月。西苑殿館成。上臨幸。召大臣遊賞。

《明书》卷八

一五九九　**天顺四年九月　新作西苑殿亭轩馆成**

《图书集成·考工典》卷五三，并见《日下旧闻考》卷三六

西苑

天順四年九月，新作西苑殿亭軒館成。苑中舊有太液池，池上有蓬萊山，山巔有廣寒殿，金所築也。西南有小山，亦建殿於其上，規制尤巧，元所築也。上命即太液池東西作行殿三，池東向西者曰凝和，池西向東對蓬萊山者曰迎翠，池西南向以草繕之而飾以堊曰太素。其門各如殿名。有亭六，曰飛香、擁翠、澄波、歲寒、會景、映輝，軒一曰遠趣，館一曰保和。工成，上臨幸，名文武大臣從遊，歡賞竟日。

明典禮志

一六〇〇　天顺四年十月初八日　命修徐王坟殿宇

《明英宗实录》卷三二〇

庚戌，命修徐王墳
殿宇。先是，南京太常寺言徐王墳殿宇多朽敝，乞令有司修理。
既而詔止修。至是復命修之。

一六〇一　天顺四年十月初八日　修徐王墓

《国榷》卷三三

十月癸卯朔。庚戌。修徐王墓。

一六〇二　天顺四年十月二十二日　上阅射于西苑

《明英宗实录》卷三二〇

甲子，上閱射於西苑，①命内閣學士李賢、彭時、吕原，尚書王翺、馬昂隨觀。時五軍三千神機三營自總兵而下②坐營、把總管操官亦千數百人悉召入西苑，與御馬監勇士頭目俱馳馬試箭，閱其優劣而品第之。

① 上閱射於西苑　廣本抱本安本閱下有騎字。
② 自總兵而下　廣本而作以。

一六〇三　天顺四年十二月十九日　命工部督修京师通州诸仓

《明英宗实录》卷三二三

辛卯，命工部右侍郎薛遠督修京師通州諸倉。

一六〇四　天顺四年十二月二十一日　命修陕西常遇春庙

《明英宗实录》卷三二三

癸巳，命修陕西開平忠武王常遇春廟。從陕西布政司請也。①

① 從陕西布政司請也　廣本司下有奏字，是也。

一六〇五　天顺四年　孔林灾

《寓圃杂记》卷九

天順庚辰，春闈火起，監場御史焦顯因鎖其門，不容出入，死者數十人，焦頭爛額、折肢傷體者不可勝計。不久，孔林亦災，衍聖公某被奏不法，得重譴。此亦文運之厄耶。

一六〇六　天顺四年　置通州大运南仓

《春明梦余录》卷三七

天順四年，即通州西倉之南草場置大運南倉。

一六〇七　天顺四年　楚府频火　《明史》卷二九

是歲，楚府頻火，宮殿家廟悉燬。

一六〇八　天顺四年　定郡王府制　正德朝《明会典》卷一四七，并见，万历朝《明会典》卷一八一

郡王府制

事例

天順四年定。郡王每位蓋府，屋共四十六間。前門樓三間五架。中門樓一間五架。前廳房五間七架。廂房十間五架。後廳房五間七架。廂房十間五架。廚房三間五架。庫房三間五架。米倉三間五架。馬房三間五架。

一六〇九　天顺四年　定郡王府制

郡王府制。天順四年定。門樓、廳廂、廚庫、米倉等，共數十間而已。

《明史》卷六八

一六一〇　天顺四年　襄王寿藏告集

敕賜大崇恩寺碑記節文　襄憲王

予封國西南三舍許，有寺曰廣德。世傳始剏于隋，初名寶巖，至唐，應德閣重修，因以爲額。元季頹圮。我朝永樂中，有僧覺成力任興復，崇梵宇，樓法像，增樓閣，儲釋典，方丈僧堂靡或不具，輪奐之美，聯昔有加，而實爲封國名勝之刹。正統甲子，始獲一造，以償所願。其寺南有山曰五朶，狀如芙蓉削出，心甚愛之。歲丁丑天順紀元，我　睿皇天弘敦睦，特勅曾朝，克布衷懇，爰乞茲山以營壽藏，制名所請。適　勑工部主事劉春以董之。閱三年庚辰，厥工告集。殿宇、門廡，垣墉、橋道，濶深堅緻，靡有遺缺。夫昔之剏此寺也，而寺爲山之主；今之營此藏也，而山爲寺之賓。不有紀述，曷示無窮？故復　請改其山爲永安，改其寺爲大崇恩寺，謹記顛末如上，復系之以歌曰。

嘉靖朝《湖广图经志书》卷八

冣五岳兮寵山，從巍峨極兮玄兮巉巖，丕蔡兮蔚秀，寔硌磷兮嶙峋。鎭恒緬想兮馳思，特躬覽兮幽踪。雖陰陽兮對待，宜頃卜兮玄宮。粵 睿皇兮啟動，歎獻惟兮同宗。頒金符兮巫覲，忻仰覲兮重瞳。爰詳陳兮厥蹤，荷俯納兮恩衷。 敕司空兮董役，閱三載兮告成。以登巍巍兮臺殿，繚屹屹兮垣墉，煥華彩兮尚凝，誠曠世兮奇逢。惟茲山兮支分，蓋廣德兮是同，有別院兮猶存，亦釋氏兮茂崇。聿請易兮題額，志 恩意兮優隆。肆 皇上兮至仁，念先志兮克恭。既 錫予兮貞珉，猶存睨兮華鐘。雖勉綴兮兹文，曷能具兮形容。聊垂頌兮有永，冀少罄兮微忠。庶亘今兮亘古，與天地兮無窮。

一六一一 天顺四年 徙建山阴等诸王府

正德朝《大同府志》卷三

山陰王府。初建府治西，天順四年徙建平陽蒲州城内。代簡王第四子，分封。

襄垣王府。初建府治東南，天順四年徙建蒲州城内。代簡王第五子，分封。薨，謚恭簡王。今鎮國將軍仕壂，恭簡王之三子也。生子九，封輔國將軍。

靈丘王府。初建府治西北，天順四年徙建絳州城内。代簡王第六子，分封。

宣寧王府。初建府治西北，天順四年徙建澤州城内。代簡王第七子，分封。

懷仁王府。初建府治東，天順四年徙建霍州城内。代簡王第八子，分封。

隰川王府。初建府城内，天順四年徙建澤州城内。代簡王第十子，分封。

一六一二　天顺四年　分封山阴王　万历朝《山西通志》卷一一

山陰王，諱遜煁，簡王第四子。府在蒲州城内。天順四年分封，謚康惠。傳端裕、榮埥，凡三世。

一六一三　天顺四年　分封襄垣王　万历朝《山西通志》卷一一

襄垣王，諱遜煇，簡王第五子。府在蒲州城内。天順四年封，謚恭簡，傳安惠。後革王爵，襲管理府事。

一六一四　天顺四年　分封灵丘王　万历朝《山西通志》卷一一

靈丘王，諱遜烇，簡王第六子。府在絳州城内。天順四年分封，謚榮順，歷僖靖、莊和，凡四世。後革王爵，襲管理府事。

一六一五　天顺四年　分封宣宁王　万历朝《山西通志》卷一一

> 宣寧王，諱遜炓，簡王第七子。府在澤州城内。天順四年分封，謚靖莊。歷和僖、恭安、康靖、昭榮、溫簡，凡六世絕。後推宗支管理府事。

一六一六　天顺四年　分封怀仁王　万历朝《山西通志》卷一一

> 懷仁王，諱遜烸，簡王第八子。府在霍州城關。天順四年分封，謚榮定。歷安僖、恭和、溫惠。無嗣，後以侄嗣封。

一六一七　天顺四年　分封隰川王　万历朝《山西通志》卷一一

> 隰川王，諱遜燰，簡王第十子。府在澤州城内。天順四年封，謚懿安。歷恭僖、莊隱、康肅、莊惠。無嗣，後推宗支以次管理府事。

一六一八　天顺四年　敕建崇兴寺　《图书集成·职方典》卷四五

行國録。崇興寺，明天順四年勅建，後比丘尼居之。

一六一九　天顺四年　敕建崇兴寺　《日下旧闻考》卷六一，参见《宸垣识略》卷一〇

原 崇興寺明天順四年勅建，後比丘尼居之。行國録

〔臣等謹按〕崇興寺在粉坊街北口崇興寺街，棟宇已頹敝，存鐵磬二，明成化二十年三月造。

一六二〇　天顺四年　改建静宁寺肇始　《日下旧闻考》卷六〇

原 都城之南舊有寺曰静寧，圮已久矣。有僧宏瓊栖其地，御用監太監潘瑛爲之建寺，肇自天順庚辰，訖於成化丁亥。寺成，請於朝，賜額崇福。寺有二碑：一兵部左侍郎兼翰林學士淳安商輅撰，中書舍人直文淵閣錢塘凌暉書；一鄱陽釋道源撰，禮部郎中鄞人章規書。寺今圮矣，而土人尚目之曰新寺。析津日記

天顺五年

（一四六一年二月十日至一四六二年一月二十九日）

一六二一　天顺五年正月二十二日　命迁代府山阴等王于蒲州等地

命遷代府山陰王遜煁、襄垣王遜燂於蒲州，宣寧王遜炓、隰川王遜熮於澤州，靈丘王遜烇於絳州，懷仁王遜焇於霍州，仍勅鎮守巡撫大同總兵、都御史等官遣人護送。

《明英宗实录》卷三二四

一六二二　天顺五年二月初三日　修沙河天寿山行殿

修沙河及天壽山行殿，命工部左侍郎霍瑄督工。

《明英宗实录》卷三二五

一六二三　天顺五年三月初一日　增置内府銮驾厂房屋

增置內府鑾駕廠房屋。

《明英宗实录》卷三二六

一六二四　天顺五年三月初一日　毙刑部督察院狱墙

斃刑部都察院獄墻，從左都御史寇深言也。

《明英宗实录》卷三二六

一六二五　天顺五年三月初二日　宁王在江西城内开凿养鱼池

錦衣衛指揮同知逯杲奏。寧王等七王并庶人磐烑、儀賓萬昕等，各於江西城內開鑿及侵占軍民大小養魚池八十三處。每處或四五畝，或二三畝。間有切近城垣、阻礙道路者。乞勅該衙門轉行都布按三司踏勘。有切近城垣、阻礙道路者，宜從填平。無礙之處撥與相應之家，照例起科。事下戶部覆奏，前項魚池除各王自己開鑿，非侵占者量與存留養魚。其餘庶人、儀賓不分開鑿侵占，①悉如所奏。從之。

①侵占　抱本脱占以上十九字。

《明英宗实录》卷三二六

一六二六　天顺五年三月十四日　敕修理淮王府社稷山川等坛

淮王祁铨奏，本府原设社稷、山川等壇，栽久木石朽沏。乞勅有司修理。從之。

《明英宗实录》卷三二六

一六二七　天顺五年三月十七日　增置通州大运仓一百间

增置通州大運倉一百間。

《明英宗实录》卷三二六

一六二八　天顺五年三月二十六日　南京朝天宫灾

是夜，南京朝天宫災。

《明英宗实录》卷三二六

一六二九　天顺五年三月二十六日　南京朝天宫灾

《国榷》卷三三，并见《明史》卷二九，《同治上江两县志》卷二

南京朝天宫災。

一六三〇　天顺五年三月　南朝天宫灾　朱国祯《大政记》卷一六

南朝天宫灾。

一六三一　天顺五年四月十一日　钦天监差天文生为王府择坟地　《明英宗实录》卷三二七

太常寺
少卿掌欽天監事湯序，差天文生充陰陽人往各王府擇墳地。
校尉覺之。序陳，[①]陰陽人精地理者少，故自正統以來間使天文
生代往。錦衣衛劾序違法且妄奏。下都察院獄，坐贖徒還職。從
之。

① 序陳　廣本陳作奏。

一六三二　天顺五年四月十四日　命修理南京内府新房

南京内府新房多朽敝。守备内臣以为言，命南京工部修之。

《明英宗实录》卷三二七

一六三三　天顺五年四月十四日　修南京吏部及后军都督府

修南京吏部及後軍都督府。從所請也。

《明英宗实录》卷三二七

一六三四　天顺五年四月十五日　大明一统志成

《明英宗实录》卷三二七

大明一統志成。御製序：朕惟我　太祖高皇帝受　天明命，混一天下，薄海内外，悉入版圖。蓋由唐虞三代下及漢唐以來，一統之盛，蔑以加矣。顧惟覆載之内，古今已然之跡，精粗巨細，皆所當知。雖歷代地志具存可考，然其間簡或脫略，

詳或冗複。甚至得此失彼，舛訛殺雜，往往不能無遺憾也。肆我

太宗文皇帝慨然有志於是，遂遣使偏采天下郡邑圖籍，特命儒臣大加修纂，必欲成書貽謀子孫，以嘉惠天下後世。惜乎。書未就緒，而　龍馭賓天。朕念　祖宗之志有未成者，謹當繼述，乃命文學之臣重加編輯，俾繁簡適宜，去取惟當，務臻精要，用底全書。庶可繼成　文祖之志，用昭我朝一統之盛。而泛求約取，參極群書，三閱寒暑乃克成，編名曰大明一統志。著其實也。朕於萬幾之暇，試覽閱之，則海宇之廣，古今之跡，了然盡在胷中矣。既藏之秘府，復命工鋟梓以傳。嗚呼。是書之傳也，不獨使我子孫世世相承者知　祖宗開創之功，廣大如是，思所以保守之惟謹。而凡天下之士，亦因得以考古求今故實①，增其聞見，廣其知識，有所感發興起。出為用世②，以輔成雍熙泰和之治，相與維持我國家一統之盛於無窮，雖與天地同其久長可也。

於是乎序。

① 考古求今故實　舊校改古求爲求古。廣本故作事。

② 出爲用世　舊校改用世爲世用。

一六三五　天顺五年四月十七日　新南京神策门楼　《明英宗实录》卷三二七

新南京神策門樓。

一六三六　天顺五年五月十六日　不准代王迁定安博野二王　《明英宗实录》卷三二八

乙卯。致書代王仕壥曰，先因邊城狹隘，於腹裏營造山陰等六王府第遷居之。以定安、博野二王係王親子，當朝夕在左右侍養，特不遣。今王乃欲并遷二王，原王之心只是憎惡二子，欲其遠離不相見也。夫人倫至親莫如父子，王親其子如朋越然，不使相見，何其乖戾至此。二王宜依舊居住，不准遷移。今後王宜務循正道以保令名。長史須盡心輔導，若再緘默，致王有過舉，必罪不貸。專書以達，惟叔亮之。

一六三七　天顺五年五月十六日　修山川坛南天门及神路

《明英宗实录》卷三二八

山川壇南天門及神路。

修

一六三八　天顺五年五月　诏修岱庙讫工

《图书集成·山川典》卷一七，并见乾隆朝《泰安县志》卷七，道光朝《泰安县志》卷七

重修東嶽廟碑

薛瑄

東嶽泰山之神，故有廟在山之陽。凡朝廷有大典禮、大政事，則遣使告焉。廟屋歷年既久，頗多圮漏弗治。

先是，守臣嘗奏請修建，而未克底完。天順己卯，泰安州復以其事達之，濟南府因以上請，詔允修葺。于時都憲年公富方議興役而去，左副都御史賈公銓繼來巡撫，乃洎巡按藩臬協議。既擇有幹幕職以董其役，復俾濟南府知府陳銓月一往以綜理焉。銓始至泰安，謂修葺嶽廟固以祗若朝命，致謹大神，然尤當以省民財重民力爲本。財匱民勞，事亦非可。因詢及守廟者，具言數十年所積禮神之物甚富，遂遣人持市木之巨細與其他修屋之不可缺者。及既合而匠役皆在官之人，而農民不知有役。銓既綜理有法，董役者亦用其意，不急不徐，工日就緒。始事于天順庚辰秋七月，次年辛巳夏五月訖工。殿宇、周廊、門觀、繚垣，悉皆完治。不陋于前，不侈于後。咸願刻石以紀其事。山西按察使王允，濟南人也，因以書來求文于瑄。惟孔子有曰，必也正名乎。夫明則有禮樂，幽則有鬼神。其理然也。祀神之道，豈可不以正名爲先乎。如嶽鎮海瀆，在古帝王之世，皆以名山川稱之。初無封號

之加，蓋以其天地儲形萃秀，神氣通流，能興雲雨，以澤物，能出財用以阜民，故雖載在祀典，而不可加封

號。自前季以來，道學不傳，幽明之理不明于天下。邪誕諂佞之說日作，是以有封五嶽爲王爲帝者。有封五鎮爲公者，有封四海四瀆爲公爲王者。而又各加以美號。夫嶽鎮海瀆其形峙，而流其氣神而靈。古禮五嶽視三公，四瀆視諸侯，而乃崇其等。人其神名既失正，神豈顧享。洪惟我太祖高皇帝定有天下之初，即稽古祀神之典，乃頒詔旨于嶽鎮海瀆諸神，同考諸祀典，知五嶽、五鎮、四海、四瀆之封，起自衰世，崇名美號，歷代有加。瀆禮不經，莫此爲甚。今依古定制，凡

嶽鎮海瀆，並去前代所封名號，止以山水本名稱其神。仰惟詔旨所載，隆復古制，大洗前訛。其所以達幽明之理，嚴上下之分，允宜表正斯世，垂法將來，而爲萬古不易之大典。孔子所謂正名者，於斯見之。猗歟

盛哉。東嶽泰山之神，爲諸嶽冠。聖朝既正其名秩，其祀而廟弗治，又俾所司以時修葺。而巡撫憲臣洎藩臬得綜理其役。如銓者不竭民之財力，而克底完新，皆可謂祇若朝廷，丕顯休命，而致謹於人神者矣。遂序其事而銘之曰：一理宰幹，二氣互根。清浮無際，濁墜斯存。柔行剛峙，川洪嶽尊，惟此泰山，造化鍾萃。巃嵸太虛，磅礴厚地，匪魯邦瞻，實衆嶽最。其蓄罔測，其施靡量，出雲寸石，甘雨八荒。功既載溥，厥報宜彰。有廟在陽，奉命新葺。重臣是承，守臣是職，民不匱勞，事底完集。殿宇廊觀，聳阜縈廻，高下中度，不奢不卑。神氣鬱鬱，流通在茲，昔古山川，明祀有體。夫何前季，封號篤起，躋嶽於天，紊三公禮。逮我聖世，道復古隆，斥絶僭誕，率由大中。嶽鎮海瀆，悉正其名。爲岱宗神，神稱允格。迄茲有役，咸願石刻。述理繼辭，以示無極。

一六三九　天顺五年六月初一日　修晋府　《明英宗实录》卷三二九

天順五年六月庚午朔，修晉府。

一六四〇　天顺五年六月二十九日　后军都督佥事宗胜卒　《明英宗实录》卷三二九

後軍都督僉事宗勝卒。勝，直隸徐州人，永樂八年襲父麟職爲沂州衛指揮僉事。正統五年督工内府營造，事完陞都指揮同知。

一六四一　天顺五年七月初二日　曹钦焚东西长安门东安门　《明英宗实录》卷三三〇

庚子，司設監太監曹吉祥及其姪昭武伯欽等反。命懷寧伯孫鏜等率官軍討之，欽敗死，執吉祥下獄。

至是復降勅諭。欽度不免，遂謀反。會懷寧伯孫鏜奉命征西，欽使其黨掌欽天監事太常寺少卿湯序擇是日天未明視朝遣將，欽欲以是時擧兵入。先夕，召諸達官及其黨群飲于家，厚贈之。時鏜候陛辭宿于朝房，達官都指揮使馬亮等恐事敗，自欽家逸出走告恭順侯吳瑾、廣義伯吳琮。時瑾、琮亦以陪祀齋宿朝房，急趨以告鏜，同於長安右門隙入跡以聞。上即召吉祥縛入宫城鎖繫之，令皇城四門、京城九門毋開。頃之，欽以亮等逸出，知事泄，遂於中夜自往錦衣衛指揮同知逯杲宅，執殺杲。遣其黨殺左都御史寇深于西朝房，斫傷内閣學士李賢于東朝房。遂攻皇城東西長安門。不得開，縱火焚之。門內守衛官軍拆御河岸磚石堆塞各門，賊往來嘯呼 于各門外。鍾召太平侯張瑾同擊賊，瑾不敢出。鍾謂其二子曰，征西官軍多從京城宣武門出，爾往號召之曰，法司强賊反獄，獲者有重賞。且不可出城。於是官軍稍集至二十人，甲兵皆具。鍾謂之曰，爾等不見西長安門火耶，曹欽反矣。其黨不多，當奮勇殺之，朝廷必不惜陞賞。衆皆諾，從鍾逐賊至東長安門。欽去攻東安門，途遇恭順侯吳瑾追殺之，復縱火焚東安門。天漸曙，欽黨稍稍散去。欽遇鍾子軏於路，軏奮刀斫欽中膊。欽氣懾，率數騎走安定、東直、齊化各門求出門。俱不開，遂竄歸其家拒官軍。鍾督軍與戰。頃之，會昌侯孫繼宗亦集兵至。時大雨如注。欽率家衆及達官猶出戰數次。鍾令軍士能殺賊獲其財者即與之，於是官軍奮呼而入，欽投井死。遂毁其宅，盡掠其財物。其兄都督鐸、弟指揮鉉，及堂兄都督濬，皆為衆所殺，并其親黨同謀之家皆一空焉。諸達官逸出者先後皆被誅。

一六四二　天顺五年七月初二日　曹钦烧东西长安门

《立斋闲录》卷四，并见《国朝典故》卷四二

天順五年七月初二日，太監吉祥姪昭武伯曹欽作亂，放火燒東西長安門，殺宮左都御史寇深、恭順侯吳瑾、錦衣衛指揮同知逯杲等。

前夕，指揮皮兒馬哈麻在欽家飲，謀叛，既而悔之，乃以聞。

內官吉祥居禁庭最久，爲人惟善私恩小惠，招權納賂，擅作威福。嘗往雲南、福建殺賊，帶去達官軍能騎射取功，因而收於部下，加以恩澤，爲腹心。

天順初，呼召此輩迎　駕，俱陞大職。此輩亦感吉祥之恩。後石亨事發，冒官者俱革去。此輩又爲吉祥所庇不動。吉祥初以迎　駕爲功，貪圖富貴，一家弟姪俱得大官，又賣官鬻獄，黷貨無厭。

上初不得已而從其所欲，後不能堪，稍疎抑之。吉祥輒懷異志，令其姪昭武伯曹欽糾集所恩之人謀爲不軌。

會兵部尚書馬昂、懷寧伯孫鏜統官軍往陜西殺賊，於
五年七月二日早辭。欽等乘機欲殺馬昂、孫鏜等，就擁
兵入内爲變。幸而孫鏜等先覺，二督 即報於 内。禁
門不開，欽兄弟與同惡者詣錦衣衛指揮逯杲宅前。遇
杲方出，斬其首碎其尸，蓋杲亦吉祥所恩之人。後
朝廷委任行事，且發欽非理之事，所最恨者先害之，然
後分布勢禁門。待其開擁入。三鼓至門。欽兄弟四五人
俱在東長安門。予四鼓到朝房，聞搶馬驚亂，以爲出征
之軍。及入房，聞呼錦衣衛指揮焦壽、郭英等拿。予亦不
知何如。俄又聞呼予官名曰：尋李學士。予方恐，即出房
至門前，見披披甲持刀者數人，一人砍予一刀，又打一刀。
指。欽適至，見予不忍殺。連呼尊長，執予手曰毋恐。叱退
持刀者具告曰，我父子兄弟盡忠迎 駕復位，今被逯
杲譖毀，反欲相害。提杲頭示予曰，誠爲此人激變不得

已也。予曰，此人生事害人，誰不怨恨。既除此害，即可請
命。欽曰就與我寫本進入。即令人防。予至吏部朝房尚
書王翺處借紙筆寫成，予拉翺同行於門縫投進，欽見
門不開，乃夆火焚燒，復欲害予。令持刀者同予尋馬昂，
得翺等解之。及天明，上馬，呼衆馳往東長安門。又令披甲
持刀者一人騎馬尋予，翺等復解之。忽有孫鏜領官軍
攢而圍之，予乃得脫。時恭順侯吳瑾、左都御史寇深俱
被殺死，予被傷在吏部。至晚大雨不止，聞官軍圍欽等
於其宅盡誅之。予慮其脅從者不寧，即投本進入，請急
宣
聖旨，脅從者罔治，以安反側之心。然後詔示天下，布寬
恤之恩。一切不急之務，悉皆停罷，與民休息。吉祥已正
典刑。蓋能亂臣賊子肆行反逆，天地鬼神所不能容，當時
若不早云云。天順錄曰。

一六四三　天顺五年七月初二日　曹钦烧东西长安门　《纪录汇编》卷二一

天順五年七月初二日，太監吉祥姪昭武伯曹欽作亂，放火燒東西長安門，殺害左都御史寇深、恭順侯吳瑾、錦衣指揮同知逯杲等。

一六四四　天顺五年七月初二日　曹钦焚东西皇城门　《明书》卷一五八

欽遂縱火焚東西皇城門。

一六四五　天顺五年七月初三日　命勋臣分守皇城六门京城九门　《明英宗实录》卷三三〇

辛丑，命公、侯、伯朱儀等分守皇城六門，都城九門，以反賊黨未盡擒也。

① 未盡擒也　廣本抱本安本盡下有就字，是也。

一六四六　天顺五年七月十二日　颁大赦天下诏

《明英宗实录》卷三三〇

庚戌，以平反賊曹吉祥曹欽等大赦

天下詔曰。

一，自天順元年七月十二日以後，内外衙門問發一應罪囚做工、運甎、運炭、運灰、納米、納鈔、納草、蓋房等項，并煎鹽、炒鐵、擺站，充囚兵、膳夫、斗級①、軍伴儀從，悉皆寬免。

① 充囚兵膳夫斗級　廣本充下有軍字。詔制無軍字。

一六四七　天顺五年七月十九日　命辽简王夫人归葬简王墓侧

《明英宗实录》卷三三〇

丁巳。遼府沅陵王貴熵奏，臣故母謝氏乃父遼簡王夫人，蒙恩命歸葬於簡王墓側。臣欲與弟衡山王、姪衡陽王等，躬視修造墳墓，葬祭日俱賜躬往，以盡人子之情。從之。

一六四八 天顺五年七月十九日 巡按御史奏河决汴梁

《明英宗实录》卷三三〇

巡按河南監察御史陳璧同都布按三司奏。自六月終霖雨，黄河溢漲，七月初四日決汴梁土城。當時築塞磚城五門以備。至初六日磚城北門亦決，城中稍低之處水深丈餘，官舍民居漂沒過半，公帑私積蕩然一空。周府宫眷并臣等各乘舟筏避于城外高處。建召隣近州縣官多率舟筏赴城救濟軍民，然死者已不可勝紀。許州、襄城縣亦奏，水決城門，淹沒官民廬舍，死者甚衆。 上命工部右侍郎薛遠往視之。遠陛辭，賜勑諭之曰，黄河衝決為患非小，卿須多方設法消除水患，築塞河隄，務令堅完。仍巡視下流，開通疏濬，以洩城中積水。尤先撫䘏被災之家，有缺食者，於附近官廩出粟給之，或勸諭富家賑貸。被災田畝，蠲其租稅，官舍民居以次修理。須水患止息，事妥民安，然後回京。

一六四九　天顺五年七月十九日　命营建楚王府

命營建楚王府。以先是被火也。

《明英宗实录》卷三三〇

一六五〇　天顺五年七月二十七日　命修京城为雨所坏者

乙丑，命工部侍郎霍瑄督修京城爲雨所壞者。

《明英宗实录》卷三三〇

一六五一　天顺五年八月初三日　命修南京工部

命修南京工部。

《明英宗实录》卷三三一

一六五二　天顺五年十一月十四日　命修南京国子监

庚戌，命修南京國子監。從吳節奏請也。

《明英宗实录》卷三三四

一六五三　天顺五年十一月十五日　祭酒奏请修理南京国子监

冬十一月辛亥，祭酒吳節奏言，本監彝倫堂及六堂，以至倉庫、水磨、內外號舍、墻垣多有頹壞者。請工修理。

上命所司行南京工部尚書王永壽會同守備太監懷忠等往視度之。會計庫廠場荏已無餘積，乃行移應天府支給官錢，令江寧、上元二縣收買物料。內外守備量撥軍餘直隸廬州府起倩人夫一百名，摘撥班匠二十名，委官提調，工部以聞。

制曰可。

《南雍志》卷三

一六五四　天顺五年十一月十六日　命修南京都察院

壬子，命修南京都察院。

《明英宗实录》卷三三四

一六五五　天顺五年十一月　修南都察院国子监

修南都察院、國子監。

朱国祯《大政记》卷一六

一六五六　天顺五年十二月初一日　三法司议定赎罪则例

《明英宗实录》卷三三五

刑部、都察院、大理寺議定贖罪則例。守衛操備官旗、將軍、校尉、邊軍、邊民犯笞杖，婦人犯笞杖、徒，文官監生犯笞，俱令納鈔。若官員與有力之人，仍如前例運磚、炭等物，笞一十，運灰一十二百斤、磚七十箇，碎磚二千八百斤、水和炭二百斤、石一千二百斤，納鈔二百實[①]。餘四笞、五杖，灰各遞加六百斤，磚各遞加三十五箇，碎磚各遞加一千四百斤，水和炭各遞加一百斤，石各遞加六百斤，鈔各遞加一百貫。至杖六十，鈔增為一千四百五十貫。餘四杖，各遞加二百貫。徒一年，運灰一萬二千斤、磚六百箇、碎磚二萬四千斤、水和炭一千七百斤、石一萬二千斤。餘四徒、三流，灰各遞加六千斤，磚各遞加三百箇，碎磚各遞加一萬二千斤，水和炭各遞加九百斤，石各遞加六千斤。惟三流，水和炭同減為加六百斤。雜犯二死，各運灰六萬四千二百斤，磚三千二百箇，碎磚一十二萬八千斤，水和炭九千斤，石六萬四千二百斤。疏入。　上曰，可其著為令。右都御史李賓言，法司贖罪輕重不一，刑官得以為私，宜定則例，以革其弊故。有是議。

① 納鈔二百實　廣本抱本安本實作貫，是也。

一六五七　天顺五年十二月十七日　宣庙吴贤妃薨命有司营葬

癸未。宣廟賢妃吴氏薨。妃宣德三年册封，正統十四年尊為皇太后，天順元年復為賢妃，至是薨。訃聞，上輟視朝一日，謚曰榮思，遣中官致祭，命有司營葬。

《明英宗实录》卷三三五天

一六五八　天顺五年　增通州大运仓百间

《春明梦余录》卷三七

五年，復增通州大運倉百間。而南倉設北、東二門，餘倉皆三門，設守衛軍一人，辦事官一人，軍一人。然由是設總督太監監督，內官漸多事矣。

一六五九　天顺五年　南京城池

《明一统志》卷六

城池。京城舊志：六朝舊城近覆舟山，去秦淮五里。至楊吳時改築，跨秦淮南北，周迴二十五里。本朝蓋拓而東，盡鍾山之麓，周迴九十六里，立門十三。南曰正陽，南之西曰通濟，又西曰聚寶。西南曰三山，曰石城。北曰太平，北之西曰神策，曰金川，曰鍾阜。東曰朝陽，西曰清涼，西之北曰定淮，曰儀鳳。後塞鍾阜、儀鳳二門。其外城則因山控江，周迴一百八十里，別為十六門。曰麒麟，曰仙鶴，曰姚坊，曰高橋，曰滄波，曰雙橋，曰夾江，曰上方，曰鳳臺，曰大馴象，曰大安德，曰小安德，曰江東，曰佛寧，曰上元，曰觀音。**皇城**在京城內之東，當鍾山之陽，以秉王氣。殿宇宮闕規模宏壯，象法天地經緯陰陽。誠足以表四海之觀聽，垂萬年之統緒，而為聖子神孫世守之基云。

一六六〇　天顺五年　南京坛庙

《明一统志》卷六

壇廟。天地壇在正陽門外之左，繚以周垣，中為大祀殿。殿前丹墀東西列四壇，以祀日月星辰。前為大祀門，門外東西列二十壇，以祀嶽鎮海瀆、山川、太歲、風雲雷雨、歴代帝王、天下神祇。東壇末為具服殿，西南百步為齋宫。又西為神樂觀、犧牲所，其外復繚以崇垣。蓋欲致其嚴潔云。山川壇在天地壇之西，繚以周垣。中為殿宇，以祀太歲、風雲雷雨、嶽鎮、海瀆、鍾山之神。東西二廡以祀山川、日將、城隍之神。左為旗纛廟，西南為先農壇，下皆籍田。社稷壇在皇城内南之右。四面為門，壇垣按五方

色。南有前門，北有行禮殿、具服殿。祭江壇在金川門外江上，洪武初建。凡行幸出師，及親王之國之類，俱於此祭江神。太廟在皇城内南之左，正殿、兩廊，楹室崇深，昭穆禮制法古，從宜功臣配享。左有神宫監。文廟在國子監彛倫堂之東。正為大成殿，東西兩廡，前有戟門，外為櫺星門，有勅建之碑。

一六六一　天顺五年　南京山陵

山陵。孝陵在外城内鍾山之陽。懿文陵附於其側。

《明一统志》卷六

一六六二　天顺五年　南京苑囿

苑囿。漆園、桐園、椶園，以上三園俱在鍾山之陽。洪武初以造海運及防倭戰船所用油漆、椶纜，悉出於民，爲費甚重。乃立三園植椶、漆、桐樹各千萬株，以備用而省民供焉。

《明一统志》卷六

一六六三　天顺五年　南京文职公署　《明一统志》卷六

文職公署。南京宗人府在長安左門南，經歷司附焉。南京吏部在宗人府南，其屬文選、驗封、稽勳、考功四清吏司并司務廳附焉。南京戶部在吏部南，其屬浙江、福建、江西、湖廣、四川、山東、山西、廣東、廣西、河南、陝西、雲南、貴州十三清吏司并照磨所司務廳附焉。南京禮部在戶部南，其屬儀制、祠祭、主客、精膳四清吏司并司務廳附焉。南京兵部在禮部南，其屬武選、車駕、職方、武庫四清吏司并司務廳附焉。南京工部在兵部南，其屬營繕、都水、屯田、虞衡四清吏司并司務廳附焉。南京刑部在太平門外貫城坊，其屬浙江、福建、江西、湖廣、四川、山東、山西、廣東、廣西、河南、陝西、雲南、貴州十三清吏司并照磨所司務廳附焉。南京都察院在刑部西，內有浙江、福建、江西、湖廣、四川、山東、山西、廣東、廣西、河南、陝西、雲南、貴州十三道并經歷司照磨所司務廳附焉。南京翰林院在宗人府後。南京國子監在京城內雞鳴山下，即劉宋玄學故基。本朝洪武十年拓地，建國子監。中爲彝倫堂，左右繩愆、博士二廳。後重列率性、脩道、誠心、正義、崇志、廣業六堂，典簿廳附焉。外有神樂觀，犧牲所。各祠祭署亦隸之。**南京太常寺**在後府南，典簿廳附焉。外有神樂觀，犧牲所。各祠祭署亦隸之。

南京通政司在中府後，經歷司附焉。**南京大理寺**在刑部東，其屬左寺、右寺并司務廳附焉。**南京詹事府**在翰林院南，主簿廳附焉。**南京光禄寺**在皇城東安門內，其屬大官、珍羞、良醞、掌醢四署并典簿廳附焉。**南京鴻臚寺**在長安右門外街南，其屬司賓、司儀二署并主簿廳附焉。**南京欽天監**在後府後，主簿廳附焉。外設司天臺於鷄鳴山上。**南京太醫院**在詹事府南，生藥庫附焉。外有惠民藥局亦隸之。**南京行人司**在長安右門外。**南京五兵馬司**中兵馬司在內橋北，東城兵馬司在太醫院南，西城兵馬司在三山門外，南城兵馬司在聚寶門外，北城兵馬司在鼓樓北。

一六六四 天顺五年 南京武职公署

《明一统志》卷六

武職公署南京中軍都督府在長安右門南。在城留守中、神策、應天、廣洋、和陽五衛指揮使司、牧馬千戶所隸之。南京左軍都督府在中府南。在城留守左、驍騎右、龍虎、瀋陽左右、水軍左、鎮南、龍江右、英武、龍虎左十衛指揮使司隸之。南京右軍都督府在左府南。在城留守右、虎賁右、武德、廣武、水軍右五衛指揮使司隸之。南京前軍都督府在右府南。在城留守前、龍驤、豹韜、天策、飛熊、龍江左、豹韜左七衛指揮使司隸之。南京後軍都督府在前府南。在城留守後、興武、鷹揚、江陰、橫海五衛指揮使司隸之。南京錦衣衛在通政使司南。經歷司鎮撫司并所司附焉。南京旗手衛在錦衣衛南。南京府軍衛在欽天監後。南京府軍左衛在竹橋南。南京府軍右衛在長安西街南。南京府軍後衛在竹橋南。南京羽林左衛在朝陽門内。南京羽林右衛在玄津橋東北。南京羽林前衛在應天府治西。南

一六六五　天顺五年　京师城池

《明一统志》卷一

京金吾左衛在大功坊。南京金吾右衛在狀元坊南。南京金吾前衛在太醫院南。南京金吾後衛在覆舟山南。南京虎賁左衛在朝天宮北。南京濟川衛在江東門外。南京江淮衛在大江北。孝陵衛在朝陽門外。

城池。京城元志：至元四年建大都城。本朝洪武初置北平布政司於此。永樂七年為北京，十九年營建宮殿成。乃拓其城周迴四十里，立門九。正南曰正陽，南之左曰崇文，右曰宣武。北之東曰安定，西曰德勝。東之北曰東直，南曰朝陽。西之北曰西直，南曰阜成。皇城在京城之中，宮殿森嚴，樓闕壯麗。邃九重之正位，邁往古之宏規，允為億萬斯年之固。

一六六六　天顺五年　京师坛庙

《明一统志》卷一

壇廟。**天地壇** 在正陽門之南。左繚以垣牆，周迴十里。中為大祀殿。丹墀東西四壇，以祀日月星辰。大祀門外東西列二十壇，以祀嶽、鎮、海、瀆、山川、太歲、風、雲、雷、雨、歷代帝王、天下神祇。東壇末為具服殿，西南為齋宮，西南隅為神樂觀、犧牲所。**山川壇** 在天地壇之西。繚以垣牆，周迴六里。中為殿宇，以祀太歲、風、雲、雷、雨、嶽、鎮、海、瀆。東西二廡以祀山川、月將、城隍之神。左為旗纛廟，西南為先農壇，下皆藉田。**社稷壇** 在皇城內南之右。中為方壇，四面有門。壇之周垣各依方色。南有前門，北有行禮、具服二殿。**太廟** 在皇城內南之左。正殿、兩廡，楹室崇深，昭穆禮制法古從宜。親王及功臣配享。左有神宫監。**文廟** 在國子監彝倫堂之東。正為大成殿，東西翼以兩廡。前有戟門，外有櫺星門。殿前舊有元加封孔子碑。本朝正統中，有御製新建太學碑文，立於殿前，庇之以亭。

一六六七　天顺五年　京师山陵

《明一统志》卷一

山陵。**長陵** 在京城北天壽山正中。**獻陵** 在長陵之右。**景陵** 在長陵之左。

苑囿。西苑在皇城內，中有太液池、瓊華島。池周圍深廣，波光澄澈，綠荷芳藻，含香吐秀。游魚浮鳥，競

戲羣集。島皆奇石，巉巖磊砢，下瞰池水。上有廣寒殿，棟宇翬飛，金碧交暎，複閣危榭，左右拱向。喬松古檜，烟雲繚繞，隱然蓬萊仙府也。京師八景有曰太液晴波，曰瓊島春雲，謂此。又苑之東北有萬歲山，高聳明秀，蜿蜒磅礴，上摩霄漢，隱暎宫闕，皆禁中勝境也。本朝胡廣太液晴波詩：渺渺晴波漾碧池，清風時動綠漪漪。銀潢星斗垂天派，方丈鼇龍陋漢儀。玉鏡光揺瓊島近，錦紋流出御溝遲。從知滋浸由開闢，長暎西山影不移。楊榮瓊島春雲詩：山島依微近紫清，春光淡蕩暖雲生。乍驚樹杪和烟濕，輕拂花枝過雨晴。每日氤氲浮玉殿，有時縹緲護金莖。從龍處處施甘澤，四海謳歌樂治平。

南海子在京城南二十里，舊為下馬飛放泊，內有按鷹臺。永樂十二年增廣其地，周圍凡一萬八千六百六十丈，乃域養禽獸，種植蔬果之所。中有海子大小凡三，其水四時不竭，汪洋若海。以禁城北有海子，故別名曰南海子。

御馬苑在京城外鄭村壩等處，牧養御馬，大小二十所，相距各三四里，皆繚以周垣，垣中有廄，垣外地甚平曠。自春至秋，百草繁茂，羣馬畜牧其間，生育蕃息。國家富強，實有賴馬。

一六六九　天顺五年　京师文职公署

《明一统志》卷一

文職公署。宗人府在長安左門南，其經歷司附焉。吏部在宗人府南。其屬文選、驗封、稽勳、考功四清吏司，并司務廳附焉。戶部在吏部南。其屬浙江、江西、湖廣、四川、山東、山西、廣東、廣西、河南、陝西、雲南、貴州十三清吏司，并司務廳、照磨所附焉。禮部在戶部南。其屬儀制、祠祭、主客、精膳四清吏司，并司務廳、鑄印局附焉。外有僧録司、道録司、教坊司亦隸之。兵部在宗人府後。其屬武選、車駕、職方、武庫四清吏司，并司務廳附焉。外有典牧所、會同館、大勝關亦隸之。刑部在貫城坊內。其屬浙江、福建、江西、湖廣、四川、山東、山西、廣東、廣西、河南、陝西、雲南、貴州十三清吏司，并司務廳、照磨所、司獄司附焉。工部在兵部南。其屬營繕、虞衡、都水、屯田四清吏司，并司務廳附焉。外有文思院、營繕所、寶源等局亦隸之。都察院在刑部南。所轄浙江、福建、江西、湖廣、四川、山東、山西、廣東、廣西、河南、陝西、雲南、貴州十三道，并經歷司、司務廳、照磨所、司獄司附焉。翰林院在長安左門外玉河西岸。四夷館隸焉。國子監在安定門內文廟西。有彜倫堂，堂左右有繩愆、博士二廳，率性、修道、誠心、正義、崇志、廣業六堂，典簿廳附焉。**太常寺**在後府南，典簿廳附焉。外有神樂觀、犧牲所。各祠祭署亦隸之。**通政司**在太常寺南。經歷司附焉。**大理寺**在都察院南。其屬左寺、右寺，并司務廳附焉。**詹事府**在玉河東岸。主簿廳附焉。**光祿寺**在東安門內。其屬大官、珍羞、良醖、掌醢四署，并典簿廳附焉。**太僕寺**在萬寶坊。主簿廳附焉。**鴻臚寺**在工部南。其屬司賓署、司儀署，并主簿廳附焉。**欽天監**在鴻臚寺南。主簿廳附焉。外設司天臺於朝陽門外城上。**太醫院**在欽天監南。生藥庫附焉。外有惠民藥局亦隸之。**行人司**在長安右門外朝房西。**上林苑監**在文德坊玉河橋西。典簿廳附焉。外有蕃育、嘉蔬、水監、川衡、林衡、良牧、左典察、右典察、前典察、後典察十署亦隸之。今存蕃育、嘉蔬、林衡、良牧四署，餘皆裁革。**五兵馬司**中兵馬司在城內仁壽坊，東城兵馬司在城內思城坊，南城兵馬司在城外正陽街，西城兵馬司在城內咸宜坊。北城兵馬司在城內教忠坊。

一六七〇　天顺五年　京师武职公署

《明一统志》卷一

武職公署中軍都督府在長安右門南，經歷司附馬。在城留守中、神策、和陽、應天四衛，牧馬、千戶所亦隸之。左軍都督府在中府南，經歷司附馬。在城留守左、瀋陽、左右驍騎、鎮南、

龍虎六衛亦隸之。右軍都督府在左府南，經歷司附馬。在城留守右、虎賁右、武德三衛亦隸之。前軍都督府在右府南，經歷司附馬在城留守前、龍驤、豹韜三衛亦隸之。後軍都督府在中府後，經歷司附馬。在城武成中、前、後，神武左、右、後，忠義左、右、前、後，義勇左、右、中、前、後，大寧中、前，蔚州左，留守後，會川、富峪、寬河、興武、鷹揚二十四衛亦隸之。錦衣衛在通政司南，經歷司，上、下鎮撫司，并各所司附馬。旗手衛在通政司後。府軍衛在時雍坊。府軍左衛在保大坊。府軍右衛在咸宜坊。府軍前衛在保大坊。府軍後衛在仁壽坊。羽林左衛在保大坊。羽林右衛在明時坊。羽林前衛在時雍坊。金吾左衛在保大坊。金吾右衛在仁壽坊。金吾前衛、金吾後

衛、虎賁左衛已上三衛俱在保大坊。燕山左衛在安富坊。燕山右衛在思城坊。燕山前衛在鳴玉坊。大興左衛在日照坊。濟陽衛在居賢坊。濟州衛在金城坊。武驤左衛、武驤右衛、騰驤左衛、騰驤右衛已上四衛，俱在崇教坊。彭城衛在萬寶坊。永清左衛在西城坊。永清右衛在日中坊。武功左衛、武功右衛、武功中衛已上三衛俱在明時坊。長陵衛、獻陵衛、景陵衛已上三衛俱在天壽山永安城內。

一六七一 天顺五年 耶律楚材墓

《明一统志》卷一

耶律楚材墓在府[1]西北三十里。楚材，遼之裔，仕元為中書令，謚文正。墓東有祠。今為僧舍，石像猶存。本朝袁廷玉詩有玉泉東畔甕山陽，水抱孤村地脉長之句。

[1] 编者注：顺天府

天顺六年

（一四六二年一月三十日至一四六三年一月十九日）

一六七二　天顺六年正月二十一日　命修南京甲字等库作房

《明英宗实录》卷三三六

命修南京甲字等庫，及兵仗局庫作房共千二百間。從太監李秉奏也。

一六七三　天顺六年正月二十四日　蜀王妃墓未为合葬规制

《明英宗实录》卷三三六

蜀王悦𤀣，例當與妃合葬。世子友𡎚奏，母妃何氏卒時未有合葬事例，以此未爲合葬規制，今若穿壙恐驚母妃體魄，乞别爲一壙。從之。

一六七四　天顺六年二月二十一日　重建东安门及东上二门　《明英宗实录》卷三三七

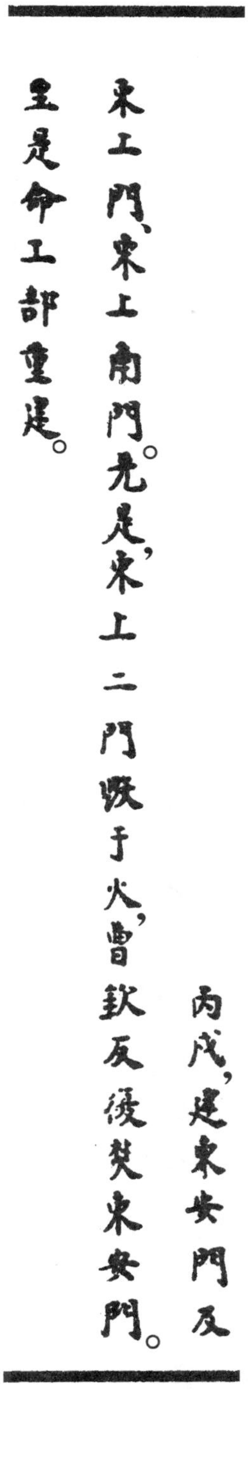
丙戌，建東安門及東上門、東上南門。先是，東上二門毀于火，曹欽反復焚東安門。至是命工部重建。

一六七五　天顺六年二月二十一日　建东安东上二门　朱国祯《大政记》卷一六，并见《明会要》卷七二，《明书》卷八

丙戌，建東安、東上二門。

一六七六　天顺六年二月二十二日　药库火下太医院使于狱　《明英宗实录》卷三三七

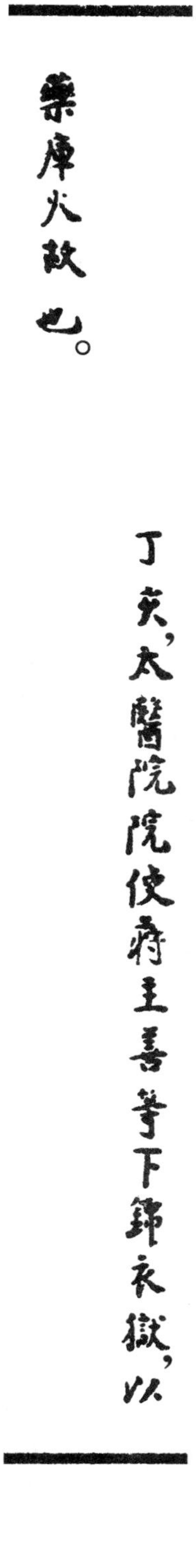
丁亥，太醫院院使蔣主善等下錦衣獄，以藥庫火故也。

一六七七　天顺六年二月二十五日　免河南轮班匠役停催物料

免河南輪班匠役三季，及停催一應不急物料。以被水故也。

《明英宗实录》卷三三七

一六七八　天顺六年三月三十日　修浚瞿昙寺墙及沟

修濬西寧衛瞿曇寺墻及溝。以瞿曇寺灌頂淨覺弘濟大國師領占藏卜奏乞為防韃賊侵犯故也。

《明英宗实录》卷三三八

一六七九　天顺六年四月十五日　修内府经厂库房

庚辰，修內府經廠庫房。

《明英宗实录》卷三三九

一六八〇　天顺六年四月十五日　修南京通政司

《明英宗实录》卷三三九

修南京通政司。

一六八一　天顺六年四月二十日　增盖南京后湖贮册库房

《明英宗实录》卷三三九

增盖南京後湖貯冊庫房三十間。

一六八二　天顺六年五月二十四日　雷震南京天地坛北天门

《明英宗实录》卷三四〇

是夜，南京雷震天地壇北天門，吻獸墮地。

一六八三　天顺六年五月二十四日　雷震南京郊坛门鸱吻

《国榷》卷三三

戊午。夜。雷震南京郊壇門鴟吻。

一六八四　天顺六年六月十八日　命文武百官见淮王

《明英宗实录》卷三四一

辛巳，命文武百官見淮王于諸王館。

一六八五　天顺六年六月二十日　楚府火

《明英宗实录》卷三四一，并见《国榷》卷三三，《明史》卷二九

是日楚府火。

一六八六　天顺六年七月初二日　楚康王归葬江夏

楚府東安王季埰奏，兄楚康王薨逝。擇七月二十八日歸葬于江夏縣靈泉山之原。本府各郡王及鎮國、輔國將軍俱有服親屬。乞令送至墳所葬祭，以盡親親之道。從之。

《明英宗实录》卷三四二

一六八七　天顺六年七月初三日　徙韩府乐平王于韶州府

樂平王沖㸌奏，臣昔奉命隨兄韓王之國平涼。平涼地寒，而臣稟素弱，故致氣疾，久未能瘳。屢乞徙善地，未獲俞允。鄉荷蒙遣醫調治，然暫得稍愈，遇寒輒發。矧平涼爲切邊小郡，韓王及臣等郡王、將軍，歲禄民已不堪，加以胡寇之擾，軍馬守禦，數萬之需，皆于此取給。臣誠不忍見其展轉于溝壑也。伏乞聖恩俯憫，如代府宣寧等王例，徙臣于温煖通舟楫之所。一則

《明英宗实录》卷三四二

雖陝西罷斂之民，一時延愚臣暮年之命。事下，工部請允其奏，徙于廣東韶州府，仍勅廣東三司爲建府第。從之。

一六八八　天順六年七月十一日　伊王薨命有司營葬

伊王顒炔薨。伊厲王第二子，①母丁氏，永樂十一年生，二十二年襲封。至是薨，享年四十六。訃聞，上輟朝三日，謚曰簡，遣官致祭，命有司營葬。

《明英宗实录》卷三四二

① 伊厲王第二子　廣本抱本安本伊上有王字，是也。

一六八九　天顺六年七月十一日　工科奏工部造坟踰制

《明英宗实录》卷三四二

工科給事中劉斌奏，朝廷為大臣營葬，舊有定制。今工部為南京吏部致仕尚書曹義造墳踰制十倍，此蓋遣去官及有司于義子皆營私徇情，故致僭分越禮，勞民傷財。乞敕該部勘其原造墳塋合制者存留，違制者革去。其營私徇情者皆治以罪。仍令該部今後造墳必遵舊制為宜。從之。

一六九〇　天顺六年八月二十五日　甓锦衣卫狱墙

《明英宗实录》卷三四三

甓錦衣衛獄墻。從部指揮僉事門達請也。

一六九一　天顺六年九月初五日　定大行皇太后丧礼仪注

《明英宗实录》卷三四四

禮部定　大行皇太后喪禮儀注以進。命如儀行之。其儀注悉與正統七年十月十八日誠孝昭皇后崩同。但改思善門為清寧門。

一六九二　天顺六年九月十五日　命建景陵明楼筑宝山城

《明英宗实录》卷三四四

以　大行皇太后將合葬　景陵，命撫寧伯朱永、都督僉事趙輔、兵部右侍郎白圭帥官軍徐道①，及建明樓，築寶山城。

① 帥官軍徐道　抱本安本徐作除，是也。

一六九三　天顺六年九月十五日　命造大行皇太后奉先殿祭器　《明英宗实录》卷三四四

命造　大行皇太后奉先殿供祀祭器。

一六九四　天顺六年九月十七日　景陵启土　《明英宗实录》卷三四四

視日① 景陵啓土，遣駙馬都尉石璟祭　三陵，撫寧伯朱永祭　天壽山之神，都督趙輔祭　后土之神。

① 視日　廣本抱本視作是，是也。

一六九五　天顺六年九月十七日　给天寿山工役官军行粮　《明英宗实录》卷三四四

給　天壽山工役官軍每月行糧二斗。

一六九六　天顺六年九月二十一日　盖造锦衣卫狱房

壬子，掌錦衣衛事都指揮僉事門達言，天下囚犯皆聚本司，而獄房甚少。臣見城西武邑庫地有餘，乞勅工部蓋造獄房。從之。

《明英宗实录》卷三四四

一六九七　天顺六年九月二十六日　含山大成公主薨命有司营葬

含山大長公主薨。公主　太祖高皇帝第十四女，母高麗妃韓氏。洪武十三年生，二十七年封為含山公主，下嫁駙馬都尉尹清。永樂三年進封長公主，二十二年加封大長公主。至是薨，享年八十二。訃聞，上輟視朝一日，道中官致祭，命有司營葬。

《明英宗实录》卷三四四

一六九八 天顺六年十一月初三日 孝恭章皇后合葬景陵

甲午，孝恭章皇后梓宫合葬景陵。

《明英宗实录》卷三四六

一六九九 天顺六年十一月初三日 孝恭章皇后祔景陵

甲午。孝恭章皇后祔景陵。

《国榷》卷三三

一七〇〇 天顺六年十一月初三日 葬孝恭章皇后于景陵

十一月甲午葬孝恭章皇后于景陵。

《明通鉴》卷二九

一七〇一　天顺六年十一月初十日　奉孝恭章皇后神主祔太庙　《明英宗实录》卷三四六

奉 孝恭章皇后神主祔享于 太廟。是日早
上，衰服詣 几筵殿拜奉 神主。出清寧門，易祭服，詣 太廟。
由左門入至 一廟神位前，內侍捧 神主至拜位，上於 神
主後行八拜禮。以次至 二廟 三廟 四廟 五廟 六廟
七廟 宣宗皇帝神位前，行拜禮如初畢。奉 神主置坐位，
行祭禮，如時享之儀。文武陪祀官隨班行禮畢。 上奉 神主
還至清寧門，易衰服，詣 几筵殿行安神禮。

一七〇二　天顺六年十一月　孝恭章皇后合葬景陵　《通鉴纲目三编》卷一二

冬十一月，葬孝恭皇后。
合葬景陵，
祔太廟。

一七〇三　天顺六年十二月初二日　赐经智化寺　《明英宗实录》卷三四七

僧録司覺義然勝奏，智化寺[1]成於太監王振，舊有賜經及勑諭。正統十四年散失無存。乞仍頒賜以慰振於冥漠。上從之。

① 智化寺 自化字起至後十二行有字止，抱本誤接于上卷第五頁前九行文字下。

一七〇四　天顺六年十二月初十日　重刻大龙兴寺御制碑　《明英宗实录》卷三四七

鳳陽大龍興寺　御製碑先燬于火。至是，僧肇常請樹碑，重刻。上從之，并賜之藏經。

一七〇五 天顺六年十二月十三日 命修曲阜孔子庙庭

癸酉，命修曲阜孔子廟庭，以其損敝也。

《明英宗实录》卷三四七

一七〇六 天顺六年十二月十三日 修曲阜孔子庙

癸酉。修曲阜孔子廟。

《国榷》卷三三

一七〇七 天顺六年十二月二十一日 修南京刑部

辛巳修南京刑部。

《明英宗实录》卷三四七

一七〇八　天顺六年十二月二十九日　命有司逮捕逋逃工匠　《明英宗实录》卷三四七

己丑，命有司逮捕逋逃工匠。

一七〇九　天顺六年十二月　修曲阜孔庙　朱国祯《大政记》卷一六

修曲阜孔庙。

一七一〇　天顺六年十二月　诏修曲阜孔庙　《明书》卷八

十二月．詔修曲阜孔廟．

天顺七年

（一四六三年一月二十日至一四六四年二月六日）

一七一一　天顺七年正月初七日　南京西安门木厂火

《明英宗实录》卷三四八，并见《明史》卷二九

丁酉，南京西安門木厰火，延燒于皇墻。

一七一二　天顺七年正月　南京西安门木厂火

《同治上江两县志》卷二

七年春正月乙酉，①南京西安門木厰火，延燒皇墻。五行志。

① 编者著：天顺七年正月元乙酉日。

一七一三　天顺七年二月初四日　修牺牲所

《明英宗实录》卷三四九

修犧牲所。

一七一四　天顺七年二月初九日　试院火

《明英宗实录》卷三四九

是日大風。至晚，試院火，舉人死者甚衆。翌日，禮部以聞。上命改試于八月。①

① 八月　安本作九月。

一七一五　天顺七年二月初九日　贡院火

《国榷》卷三三

貢院火。貢士死者九十餘人。詔改試八月。

一七一六　天顺七年二月初九日　火作于贡院

《明史》卷二九

二月戊辰，會試天下舉人，火作於貢院，御史焦顯扃其門，燒殺舉子九十餘人。

一七一七　天顺七年二月二十六日　修理南京教场演武厅

南京守備太監懷忠等言，以教場演武廳房屋朽敝，乞命南京工部修理。從之。

《明英宗实录》卷三四九

一七一八　天顺七年二月二十七日　下工部官员于锦衣卫狱

下工部左侍郎翟瑄、右侍郎薛遠等錦衣衛獄。初，禮部以試院狹隘，故遺火，請擇城中隙地改設之。事下工部議，瑄等擇安仁坊草場請改為試院，遣拔房以易席舍，及會計房屋①物料以聞。上曰：試院仍舊可也，户部草場豈宜擅易。命瑄、遠自陳罪狀。六科因劾瑄、遠專擅，遂併其屬郎中等官皆下獄。

《明英宗实录》卷三四九，参见《日下旧闻考》卷四八

① 房屋　廣本屋作室。

一七一九　天顺七年二月　贡院火　《昭代典则》卷一七

禮部會試，貢院火。

一七二〇　天顺七年二月　会试场屋灾　《罪惟录》纪卷八

天順七年癸未春二月，會試場屋災，改期。

一七二一　天顺七年二月　会试场屋灾　《罪惟录》志卷三

二月，會試場屋災，舉子死者衆。

一七二二　天顺七年二月　贡院火

癸未春二月，禮部貢院火。舉子焚死者百有十六人。先期楊晉庵守陳夢有人求樓志銘者，後果如夢。

《二申野录》卷二

一七二三　天顺七年三月十九日　修景陵工成赐赏官吏匠作

戊申，以修景陵工成，賜太監傅恭、黄順各銀五十兩，紵絲四表裏，鈔五千貫。撫寧伯朱永、都督僉事趙輔、兵部右侍郎白圭、工部右侍郎蒯祥、陸祥，内官黎賢，各紵絲二表裏，鈔三千貫。内官童留連、推官張諒等官，各紵絲一表裏，鈔一千貫。其主事等官吏①匠作、官軍人等，各賞絹布有差。

《明英宗实录》卷三五〇

① 主事等官吏　廣本事作工。

一七二四　天顺七年四月初七日　修孝陵墙垣

丙寅，修　孝陵墙垣。

《明英宗实录》卷三五一

一七二五　天顺七年四月初十日　新建弘仁桥成

己巳，新建弘仁橋成。橋在南海子東牆外，舊名馬駒橋。水自城西南經南海子出，舊以木為橋，水漲即衝去，往來者病涉。　上憫之，欲建石橋，遂發內帑銀數萬兩，顧工匠①、民夫為之。因命內閣臣李賢、陳文、彭時等往觀焉。賢言工程浩大，顧民夫若用軍士，一月人與銀一兩，彼亦樂為之矣。不惟軍士得濟，抑且力齊而工易完。　上從之。既而文武大臣亦皆感激，出俸銀以為助。橋成，改名弘仁，命賢為碑記。

① 顧工匠　廣本顧作僱。

《明英宗实录》卷三五一，参见《图书集成·职方典》卷三七，《日下旧闻考》卷一一〇

一七二六　天顺七年四年初十日　建弘仁桥

朱国祯《大政记》卷一六，并见《明会要》卷七五

四月庚申朔。己巳，建弘仁橋在南海子東牆外。

一七二七　天顺七年四月初十日　南海子弘仁桥成

己巳，南海子弘仁橋成。

《国榷》卷三三

一七二八　天顺七年四月十二日　奉安孝恭章皇后神主入太庙

辛未，免朝。奉　孝恭章皇后神主入于　太廟。黎明，設酒果於几筵殿，設　神主輦一，并冊寶亭二于殿前丹陛上。　上淺淡服行祭告禮，如常儀。用祝文畢，司禮監官詣几筵前跪奏，請　神主升輦。奏訖，內侍一員捧　神主，內侍二員捧冊寶，俱由殿中門出，安奉于輦及綵亭，冊寶亭前行。內侍擎執繖扇，侍衛如儀①。輦既出几筵殿，內侍即撤去　几筵帷幔

《明英宗实录》卷三五一

等物，送至清寧門外潔淨處焚化。　上隨　神主輦行至左順門，輦稍緩行。　上易祭服升輅，後隨至午門外，儀衛繖扇前導至廟街門內，儀衛繖扇分列于　太廟南門外之右。　上降輅，司禮監官導　上詣　神主輦前贊跪，　上跪。司禮監官跪于上左，奏請　神主奉安　太廟。奏訖贊俯伏、興，　上俯伏、興。導引官前導，內侍一員捧　神主，內侍二員捧冊寶前行，　上後隨由中門入至　寢廟。奉安訖，　上叩頭興。導引官導　上由殿東欄杆內轉至丹陛上，祭祀如時祭儀，用祝文。文武官依常儀具祭服隨班行禮。祭畢　上還。行奉安　神位禮。先期司禮監官設綵亭於武英殿，安置　神位於亭內。俟　太廟祭畢，②上仍祭服升輅詣武英殿前降輅升殿，奉迎　神位。內侍八員舉　神位亭前行，由中門出。③　上升輅後隨由思善門入至奉先殿門外，　上降輅。司禮監官導　上詣　神位亭前，贊跪，　上跪。司禮監官跪于　上左，奏請　神位奉安　奉先殿。奏訖，贊俯伏、興。　上俯伏、興。導引官前導，內侍一員，於亭內捧　神位前行，　上後從由中門入至　奉先殿奉安訖。　上叩頭興，就位用酒果行告祭禮，用樂，用祝文。

① 侍衛如儀　廣本如下有常字。

② 俟太廟祭畢　廣本俟作候。

③ 由中門出　廣本中下有左字。

一七二九　天顺七年四月十八日　命修理在京及通州仓廒

《明英宗实录》卷三五一

命工部左侍郎霍瑄不妨部事，提督修理在京及通州倉廒。

一七三〇　天顺七年四月二十日　京城南薰坊火　《明英宗实录》卷三五一

己卯，京城南薰坊火，焚民居數十家，延燬文德坊牌樓。

一七三一　天顺七年四月二十四日　命修周王府　《明英宗实录》卷三五一

癸未，命修周王府。初，河決開封城，王府皆淪水中。至是，王以為請，故有是命，仍命俟農隙時為之。

一七三二　天顺七年四月二十四日　修周府　《国榷》卷三三

癸未。修周府。

一七三三　天顺七年五月初一日　修试院

天順七年五月己丑朔，日食。修試院。

《明英宗实录》卷三五二，并见《日下旧闻考》卷四八

一七三四　天顺七年五月初二日　从淮王请拓府以广居室

淮王祁銓奏，本府基地湫隘不稱，請拓府後軍民地并儀衛司審理所治，以廣居室。上從其請，命有司撥在官隙地易與之。

《明英宗实录》卷三五二

一七三五　天顺七年五月二十日　增置西安门仓

增置西安門倉。

《明英宗实录》卷三五二

一七三六　天顺七年五月二十九日　重建文德坊牌楼

重建文德坊牌楼，以被火燬也。

《明英宗实录》卷三五二

一七三七　天顺七年六月　南京国子监修理工成

冬十一月辛亥，祭酒吴節奏言，本監彝倫堂及六堂以至倉庫、水磨、内外號舍、墻垣多有頹壞者，請工修理。

上命所司行南京工部尚書王永壽，會同守備太監懷忠等往視度之。會計庫廠場茬已無餘積，乃行移應天府支給官錢，令江寧、上元二縣收買物料，内外守備量撥軍餘，直隸廬州府起倩人

《南雍志》卷三

大一百名，摘撥班匠二十名，委官提調工部以
聞。
制曰可。
壬午 天順六年春二月興工修理，祭酒以下視事于
觀講堂。冬十月令歷事監生三閱月考勤後仍
歷九閱月通前一年寫本者亦以一年爲滿。
癸未 天順七年夏六月修理工成。

一七三八　天顺七年七月十三日　修大明等门道路萧墙直房　《明英宗实录》卷三五四

庚

子，修大明門，正陽、長安、左右等門道路、蕭墻、守衛直房。

一七三九　天顺七年七月十三日　工部尚书王卺卒

《明英宗实录》卷三五四

致仕

工部尚書王巹卒。巹，陝西郿縣人。自太學生授蘇州府同知，歷應天府治中、山西①右參政，山東左布政使。所至有惠政及民。正統中陞行在工部左侍郎，尋進尚書。居工部八年，營建宮殿，百工政令，巹贊畫之功居多。正統末請老致仕。歸家十五年以疾卒。遣官諭祭。巹篤實廉慎，而才亦精敏。歷官四朝，有譽無過，老益捐介②不阿。是時王振用事，巹數被侵侮，故未衰即引年而退。

① 山西　抱本西作東。

② 捐介　廣本抱本安本捐作狷，是也。

一七四〇 天顺七年七月 修恭让皇后陵寝

《通鉴纲目三编》卷八

三月，廢皇后胡氏，立貴妃孫氏為皇后。

太子既立，帝以春秋母以子貴，將廢后而立貴妃，召諸大臣言之。楊士奇以為不可。帝乃獨召士奇至武英殿，密諭之。士奇曰，皇后今有疾，惟以疾辭位，遜居別宮，則進退有禮。帝諭之，乃令后上表辭位，退居長安宮，賜號靜慈仙師，而册貴妃為皇后。胡后既廢，張太后常召居清寧宮。內廷朝宴，命居孫后上。孫后常

怏怏。至正七年十月，太后崩。后痛哭不已。踰年亦崩。用嬪御禮葬金山。天順七年七月，追謚恭讓皇后，修陵寢，不祔廟。

質實 金山在順天府宛平縣西北二十里。其南曰甕山。

一七四一　天顺七年闰七月初一日　令修葺胡皇后陵寝如制

《明英宗实录》卷三五五

天順七年閏七月戊午朔。勅諭文武羣臣曰，昔我　皇考臨御之日，　母后胡氏自惟多疾，不能恭承祭養，重以無子，固懷謙退，上表請閒讓位于我　母后孫氏。　皇考已從所志，就閒別宮，其稱號服食侍從悉如舊。厥後　母后胡氏遺榮慕道，益尚清虛，優游有年，以至今終。朕于時幼冲，不敢固違其志，已尊謚為靜慈仙師。而凡祭葬之儀，亦惟是稱。肯所以成其志也。朕今思之，　母后之志雖成，而為子之心終有未盡。爾禮部宜會羣臣，仍議上　皇后尊謚，令所司修葺陵寢如制。蓋欲因其志之所安，而致尊崇。庶幾于禮于情兩盡而無憾也。

一七四二　天顺七年闰七月初八日　修恭让章皇后陵寝

《明英宗实录》卷三五五

乙丑，修恭讓誠順康穆靜慈章皇后陵寢及永清公主享堂。

一七四三　天顺七年闰七月初八日　修故废后胡氏陵寝

《国榷》卷三三

乙丑。追上故靜慈仙師胡氏爲恭讓誠順康穆靜慈章皇后。修故廢后胡氏陵寢。

一七四四　天顺七年闰七月十一日　修凤阳卫土城及护城堤

《明英宗实录》卷三五五

戊辰，修鳳陽衛土城及護城隄。以久雨，淮水衝决故也。

一七四五　天顺七年闰七月十八日　不与晋王坟茔翁仲石人

晋王钟铉奏，曾祖晋恭王、曾祖母恭王妃，父晋宪王三坟茔无翁仲石人。事下，工部覆奏，近年各王府坟俱无翁仲石人。乃弗与。

《明英宗实录》卷三五五

一七四六　天顺七年闰七月二十八日　徙东安门外以南官军家

乙酉，徙东安门外以南官军一百余家于武功坊之西，以通近王府故也。武功坊西旧路不通，至是开通之，直抵琉璃厂之前，冒从指挥门达奏也。

《明英宗实录》卷三五五

一七四七　天顺七年八月初二日　代王薨命有司营葬

代王仕壥薨。王代戾王庶長子，母夫人黃氏。永樂十一年生，宣德二年封為世孫，正統十三年襲封代王。至是薨，享年五十一。訃聞，上輟視朝三日，諡曰隱。遣官致祭，命有司營葬。

《明英宗实录》卷三五六

一七四八　天顺七年八月初四日　修天地山川坛墙垣

庚寅，修天地山川壇周圍墻垣，造恭讓章皇后及貞順懿恭惠妃陵祭器。

《明英宗实录》卷三五六

一七四九　天顺七年八月十一日　修理皇墙外铺舍街道沟渠

修理皇墻外巡更鋪舍，并大明、長安左右門外街道、溝渠。

《明英宗实录》卷三五六

一七五〇　天顺七年八月十四日　修南京大理寺　《明英宗实录》卷三五六

修南京大理寺。

一七五一　天顺七年八月十八日　德王出居诸王府　《明英宗实录》卷三五六

甲辰，德王见潾出居诸王府，命文武百官赴府朝见。

一七五二　天顺七年八月二十四日　命修国子监碑亭　《明英宗实录》卷三五六，并见《图书集成·职方典》卷四四，《日下旧闻考》卷六七

庚戌，久雨，坏国子监碑亭，仆进士题名碑五通。上命有司修碑亭，并竖其碑。

一七五三　天顺七年十月二十三日　韩府乐平王新府成

《明英宗实录》卷三五八

戊申。初，韩府樂平王沖烋以陝西平涼府艱窘，請他徙。上許之，詔置府廣東韶州府。至是成，有司請王就徙，上曰，姑已之。

一七五四　天顺七年十一月初一日　许襄王雇倩夫匠起盖楼房

《明英宗实录》卷三五九

襄王瞻墡奏，臣自備工力，欲俟年豐①，於府內後園起一樓，以娛老景。又欲於府西墻內置便屋，為日後隨侍老臣宮屬優養之所。況臣老景將至，顧先為便室。已借夫匠百名供用，工完臣當給鈔萬貫為顧倩②之資。上許之。

① **年豐**　廣本作豐年。
② **顧倩**　廣本抱本顧作僱。

一七五五　天顺七年十一月初一日　疏浚南京中下二新河

《明英宗实录》卷三五九

> 濬南京中下二新河，以便操江船出入也。

一七五六　天顺七年十一月初一日　敕建宏仁桥讫工

《日下旧闻考》卷一一〇

原李賢勅建宏仁橋碑記　都城之南，一水横流於巽方。其源由兑而坤而離，四來沮洳，會而爲河，至巽乃大。有一津焉，在南苑之左，去城四十里。凡外郡畿内之人自南而來者，東西二途胥出此渡。車之大而駕者，小而挽者，物類之馱者，人之有肩負者騎者步者，紛紛絡繹，四時不休。有力者每歲爲駕木橋。然寒沍之際，不免涉水。況秋夏漲，即有覆溺艱阻之虞，而人之病涉莫此爲甚。天順癸未春，皇上聞之，惻然軫念曰：此先務也，尚可緩耶？乃命創建石橋，凡百所需悉出内帑，而一毫不干於民。應用工役皆以白金傭之，聽其自願而不强也。卜日興造，人皆踴躍歡欣，争趨効力，不知其勞，而木石灰鐵之類率以萬計，不督而集。橋長二十五丈，廣三丈。爲洞有九以釃水，爲欄於兩旁以障田者，精緻工巧，無以復加。增岸於南北，以防衝突，爲寺爲廟，以資維護。經始於是歲四月十五日，訖工於十一月初一日。總其事者内官監太監臣黄順臣、黎賢，董其工者工部右侍郎臣蒯祥、臣陸祥。告成之日，上賜名曰宏仁橋。乃命臣賢爲撰碑記，用示永久。

一七五七　天顺七年十一月初三日　命修南京历代帝王等庙

丁巳，命修南京歷代帝王、真武、漢壽亭侯廟，及雞鳴寺、普濟禪師壇宇。

《明英宗实录》卷三五九

一七五八　天顺七年十二月初四日　修理南京御用监

修理南京御用監廳房、庫房共六百九十間。

《明英宗实录》卷三六〇

一七五九　天顺七年十二月初九日　命修北京真武庙

癸巳，命修北京真武廟。

《明英宗实录》卷三六〇

一七六〇　天顺七年　加葺恭让皇后金山寝园

《万历野获编》卷三

胡氏以正統八年薨於別宮。尊爲静慈仙師。又至天順七年。上復下敕所司。追復皇后尊稱。謚曰恭讓誠順康穆静慈。加葺金山寝園。但不立陵名。不祔廟祀耳。

一七六一　天顺七年　蜀定王薨

嘉庆朝《四川通志》卷四七

明蜀定王墓在縣①東八十里東溪山。定王名友垓，和王子。天順七年以保寧王嗣。好學，工詩賦善草書。是年薨，有文集十卷。謚曰定。

蜀王墓在縣北五十里籍田舖，旁有妃何氏墓。

四川通志　卷四十七　輿地　陵墓　資州圭　美

① 编者注：清嘉庆时四川仁寿县。

一七六二　天顺七年　贡院火

《菽园杂记》卷二

天順癸未，貢院火。皆以其年八月會試，明年三月殿試，於是二次有甲申科。貢院火時，舉人死者九十餘人。

一七六三　天顺七年　建宝通寺

《图书集成·职方典》卷四九

寶通寺在新城南門外。明天順七年太監張文鋒建，賜額。

一七六四　天顺七年　建宝通寺

《日下旧闻考》卷一〇九

原 寶通寺在新城南門外，明天順七年太監張文鋒建，賜額。通州志

〔臣等謹按〕寶通寺在州城南門外半里許，有明天順八年禮部尚書姚夔碑及成化五年户部尚書薛遠碑。

增 姚夔寶通禪寺碑略　通州新城南門故有招提，名曰天寧，圮廢滋久。天順七年，管糧張公文鋒覩兹荒涼，頓發大願，涓吉捐資。逾月而天王殿成，又逾月而伽藍殿成，祖師殿禪堂兩廊相繼成。鐘皷有樓，苾芻有房，繚以周垣，屏以山門，極其華飾。疏以上聞，賜額寶通禪寺。請予爲文，鐫石以垂不朽。天順八年六月立。通州册

天顺八年

（一四六四年二月七日至一四六五年一月二十六日）

一七六五 天顺八年正月初六日 召皇太子谕殉葬非古礼

《明英宗实录》卷三六一

己巳。上大漸，召皇太子及太監牛玉、傅恭、裴當、黄順、周善，至榻前諭之曰，自古人生必有死。今朕病以深，儻言有不諱，東宫速擇吉日即皇帝位，過百成婚。皇后錢氏名位素定，當盡孝養，以終天年。德王等王俱與善地，俾之國。殉葬非古禮，仁者所不忍，衆妃不要殉葬。歛時須沐浴潔淨，棺内裝用袍服，繫腰條環。皇后同東宫自選帶皮鞋者易以條鞋，衣服不須多，縱多亦無用。擇好地建陵寢，皇后他日壽終，宜合葬。惠妃亦須遷來，以後諸妃次第祔葬。此言俱要遵行，毋違。

乙亥　上即皇帝位。

上親告　孝恭章皇后几筵，大行皇帝几筵，謁見母后畢。出御奉天殿即位，命文武百官免賀，免宣表，止行五拜三叩頭。禮遂。頒詔大赦天下。詔曰，

其以明年為成化元年，大赦天下，與民更始。所有合行事宜條列于後。

一、自天順五年七月初二日以後，文武官吏、監生、軍民人等，有為事問發運磚、運灰、運炭、納米、做工、擺站、煎塩、煬鐵、發充軍、伴儀從、膳夫等項，悉還職役寧家。

一自天顺七年十二月终以前，各处岁办野味、皮翎、觔角、课铁、生漆、翠毛、铜丝、铁线、栀子、槐花、乌梅、蓝靛、蒲草、席草[1]、芦柴、松香、榜纸、书籍等纸、猫竹、栌木、并鱼油、翎鳔、皮[2]张，折纳铜、铁、油漆、黄白麻，及派办杉松榆槐木、杉木板枋、车料，猫竿竹、水长节苦竹、鞭篾、箬叶、棕毛、白圆藤、芦苗、箬篾、檾麻、连包、荆条、蜀稭、马蔺根、杂草、白真、黄牛皮、水牛底皮、白硝、麂鹿山羊皮、白甸驊皮、前截、白绵羊毛[3]、生漆、铁线、土硝、缸釉土、红土、甜土、磁末、麦稳、貂皮、毛缨、銀朱、青碌颜料、黄白蜡、金箔、油椿木[4]等项，除成造军器、供应器皿、漕运船料，并预备赏赐皮张、羊毛外，其余已征在官者，仍令起解。未征者悉皆蠲免。其已解梨木板片棟退不堪者，所司收貯別用。及拖欠、納欠、追陪補償各項料物，盡行蠲免。不許內外衙門朦朧奏請，再行追徵。敢有將已徵捏作未徵者，治以重罪。

一、住坐軍民人匠先因在逃，有墩鎖上工及充軍事例。今後提解至日，止照常例發落，並免墩鎖充軍。其見在應役有年六十以上，并未及六十而篤癃殘疾不堪工作者，所司驗實放回。輪班人匠自天順七年十二月終以前失班者，悉皆寬免。及有一戶應當住坐又關勘合輪班，若有原領勘合二三名以上者，止令一名輪班，其餘悉與優免。正統年間以後有挾讎妄報并一戶分作二三戶以上輪班當匠，有司曾經勘明者，止當一匠，餘皆除豁勘合繳部。

一、逃軍逃囚逃匠人等，詔書到日爲始，限三箇月以裏，許於所在官司首告，與免本罪。軍還原伍，民放寧家，匠仍當匠。一、凡問囚犯，今後一依大明律科斷，照例運磚、做工、納米等項發落，所有條例並宜革去，及不許深文妄引參語，濫及無辜。其有奉旨推問者，必須經由大理寺審錄，毋得徑自參奏，致有枉人。

一、天下軍民近年以來貧困已甚，各處一應造作，除修理城垣、倉厫、運河，所司指實具奏定奪外，其餘内外衙門，并殿宇、寺觀、塔廟、房屋、牆垣等項造作，一應不急之務悉皆停罷，與民休息。各衙門不許擅自移文興工。在外軍衛有司非奉朝廷明文，一毫不許擅科一夫，不許擅役。違者重罪不饒。

一、各處帝王陵寢及名臣賢士墳墓有被人毀發者，所在有司即時修理如舊。令附近人民一丁看護，免其差役。其餘墳墓但有露棺暴骨者，悉與掩埋。

① 蒲草席草　抱本席作蓆。

② 鏢翎　抱本翎作領。

③ 白綿羊毛　抱本白下有線字。

④ 油椿末　抱本作椿油木。

一七六七　天顺八年正月二十七日　诏郕王妃勿复他徙

《明宪宗实录》卷一

庚辰，襄王瞻墡奏：近聞德王及重慶公主出居于外府第，而郕府王妃尚叅住其閒，往來朝謁，恐有未便。請遷別所為宜。上曰：叔祖所言良是。但郕王妃寡居，孫女未嫁，始自西內遷居外第，蓋　先帝盛德事也。今若他徙，無所於歸。其勿復徙。

一七六八　天顺八年二月初三日　营建大行皇帝陵寝

《明宪宗实录》卷二

營建　大行皇帝陵寢于天壽山，薦名　裕陵。敕太監黃順、吳昱，撫寧伯朱永，工部尚書白圭，侍郎蒯祥、陸祥督軍匠營建。①

① 蒯祥陸祥督軍匠營建　抱本脫蒯祥二字；督下有工字。

一七六九　天顺八年二月初六日　礼部进上大行皇帝尊谥仪注

《明宪宗实录》卷二

己丑，禮部進上
大行皇帝尊謚儀注。一、初八日太常寺宿于本衙門，初九日具
奏訖　上及文武百官皆致齋三日。十一日夜遣官行祭告禮，
遣太保會昌侯孫繼宗告　天地，廣寧侯劉安告　太廟，懷寧
侯孫鏜告　社稷。祭儀用酒、果脯、醢，迎神四拜。奠帛、初獻禮、讀
祝、亞獻、終獻，送神四拜禮畢。一、十一日告孝恭章皇后几筵、
大行皇帝几筵，以明日上尊謚。十二日早，大行皇帝几筵前
陳設如常祭儀，設冊案寶案于　几筵前左右。前一日，內侍官
置冊寶輿與香亭于奉天門，十二日早內侍官捧冊寶各置輿
中。是日，上具衰服御奉天門，內侍官捧冊寶輿，導駕官導引
上隨冊寶輿後降階，升輅。然導駕官退，百官素服於金水橋

南皆北向立俟。冊寶輿將至，百官皆跪。冊寶輿既過，興，皆隨至思善門外，北向立。內侍官導引，　上至乾清門外降輅，冊寶輿由中門進，至　几筵殿前冊陛上。內侍官導引，　上由左門入至冊墀。內贊官唱執事官各司其事。內侍官導引　上至冊陛上拜位。捧冊寶官於冊寶輿內各捧冊寶，由殿中門入至　几筵前左右，北向立。內贊贊四拜禮，親王陪拜在外。鴻臚寺官傳唱，百官皆四拜。畢，內侍官導引　上由殿左門入，至　皇考神御前。奏跪，傳贊百官皆跪。奏進冊，捧冊官以冊跪進于　上左。　上受冊獻畢，以冊授捧冊官置于冊案。奏進寶，捧寶官以寶跪進于　上左。　上受寶獻畢，以寶授捧寶官置于寶案。奏宣冊，宣冊官詣案取冊跪于　上左，宣訖。奏宣寶，宣寶官詣案取寶跪于　上左。宣訖，奏俯伏，興，平身。傳贊百官同奏復位。導引官

導　上由殿左門出至拜位。奏四拜，傳贊百官同內侍官導引　上至　几筵前。奏初獻禮。奏跪，傳贊百官皆跪。奏獻帛、獻酒，贊讀祝。讀畢。奏亞獻禮，奏獻酒。奏終獻禮，奏獻酒。奏俯伏、興、平身。傳贊百官俯伏、興、平身。奏復位。內侍官導引，　上由殿左門出至拜位。奏四拜，傳贊百官同祭畢。內侍官導引，　上由左門入至　皇考神御前，以冊寶授內侍官捧入。內導引　上入內安冊寶，行叩頭禮。導引　上由左門出至丹陛上。奏禮畢，傳贊禮畢。一、十五日頒　尊謚詔。至日早，百官各具素服烏紗帽黑角帶於端門外伺候，大臣於午門導引　上御華蓋殿，具黑翼善冠，服素服，黑犀帶。執事官先行五拜三叩頭禮，鴻臚寺官奏請陞殿，導駕官導　上御奉天殿。鳴鞭訖。序班設詔案，翰林院官捧詔立于左。鳴贊唱頒詔，翰林院官以詔授禮部官置于案，序班舉案由奉天殿左門出。錦衣衛用傘蓋捧至端門，百官入班。贊禮唱四拜、平身，稱有制。贊跪聽讀訖。再行四拜禮。鴻臚寺官傳奏禮畢。上還宫。

《明宪宗实录》卷二

一七七〇 天顺八年二月十三日 增山陵督役官并军士米盐

丙申，户部請增山陵督役都指揮米月三斗，指揮以下并軍士二斗，鹽一斤，官醫救虎手日一升，馬日給以芻秣。從之。

一七七一　天顺八年二月二十九日　山陵开土遣大臣告诸陵　《明宪宗实录》卷二

山陵開土，遣駙馬都尉焦敬祭告　長陵，石璟告　獻陵，薛桓告　景陵。撫寧伯朱永告　天壽山之神，尚書白圭告　后土之神。

一七七二　天顺八年二月二十九日　改武成前卫为裕陵卫　《明宪宗实录》卷二

改武成前衛為　裕陵衛，以奉衛　英宗皇帝山陵。

一七七三　天顺八年二月　治山陵　《国榷》卷三四

撫寧伯朱永太監黃順治山陵。

一七七四　天顺八年二月　命营山陵

二月，命營山陵。

《明书》卷一〇

一七七五　天顺八年三月十二日　添拨官军匠作营建山陵

命撫寧伯朱永、太監黃順等，提督官軍匠作六萬餘人營建山陵。尋以工程大，復乞添撥官軍二萬。從之。

《明宪宗实录》卷三

一七七六　天顺八年三月十三日　毁锦衣卫城西狱舍

毀錦衣衛城西獄舍。錦衣衛舊有獄附衛治，門達掌問刑，又於城西置獄舍以張威。御史呂洪建言，此非朝廷明刑慎罰之意。故命毀之。

《明宪宗实录》卷三

一七七七　天顺八年三月十四日　议于京师设立武学

《明宪宗实录》卷三

丁卯，兵部臣奏给事中金绅建言八事，有旨命臣等议。臣等议：其三，設武學以育將林。[①]欲於京師設立武學，并南京見有武學。俱令五府各衛所應襲子弟入學肄業。此三事者實皆今日要務，宜如所言施行。上曰可。

① 將林　抱本嘉本林作材，是也。

一七七八　天顺八年三月二十一日　礼部请立进士题名碑　《明宪宗实录》卷三

甲戌，狀元率諸進士詣國子監、文廟，行釋菜禮。是日，禮部請命工部於國子監立石題名。上命少保、吏部尚書、兼華蓋殿大學士李賢撰記。

一七七九　天顺八年三月二十二日　敕礼部寺院不得增修请额　《明宪宗实录》卷三

乙亥，上因太監陶榮乞寺額，勅禮部臣曰：京城內外寺院已多，而內外有勢力之人往往劾允，增修不已。或豪奪民居，或詭稱古額，假名為國祈福，而實自欲徼福。假名為民禳災，而實因以生災。今後更不得妄自增修，輙求賜額。爾禮部官宜以朕此意通行曉示。

一七八〇　天顺八年四月初十日　设裕陵祠祭署

《明宪宗实录》卷四

設裕陵祠祭署，奉祀一員，祀丞一員。給裕陵衛神宮監印信并夜巡銅牌。

一七八一　天顺八年四月二十九日　营建裕陵遣官祭告

《明宪宗实录》卷四

以營建　先帝陵寢於　天壽山之右，為名裕陵。遣駙馬都尉焦敬、石璟、薛桓告　長陵、獻陵、景陵，撫寧侯[①]朱永告　天壽山之神，工部尚書白圭告　后土之神。

① 撫寧侯　侯應作伯。各本皆誤作侯。

一七八二　天顺八年五月初五日　梓宫至山陵献殿

《明宪宗实录》卷五

丁巳，梓宫至山陵献殿。遣官告長陵、獻陵、景陵后土之神，天壽山之神。

一七八三　天顺八年五月初五日　命修京师天地坛及宣武门楼

《明宪宗实录》卷五

京師大風雹，天地壇正殿、神厨、宰牲亭門墻、脊瓦，及宣武門樓等俱被風所摧損。命工部脩之。

一七八四　天顺八年五月初五日　大风雹坏郊坛

《大政纪》卷一三，并见《明书》卷三八，参见《二申野录》卷二

五月五日，大風雹飄瓦拔木，壞郊壇。

一七八五　天顺八年五月初八日　英宗葬裕陵

庚申，奉　英宗睿皇帝梓宫葬　裕陵。

《明宪宗实录》卷五

一七八六　天顺八年五月初八日　英宗葬裕陵

《国榷》卷三四，参见《明通鉴》正编卷二九，

光绪朝《昌平外志》卷六

庚申。英宗睿皇帝葬裕陵。

一七八七　天顺八年五月十六日　祔明英宗睿皇帝神主于太庙

戊辰，祔　英宗睿皇帝神主于太廟。　上徧詣　德祖以下八廟神位前行禮如儀，百官陪祀。

《明宪宗实录》卷五

一七八八　天顺八年五月　大风电拔郊坛木

五月大風電，拔郊壇木，飄瓦。

《昭代典则》卷一七

一七八九　天顺八年五月　英宗葬裕陵

葬裕陵

諡曰法天立道仁明誠敬昭文憲武至德廣孝睿皇帝，廟號英宗。

質實　裕陵在石門山，距顯陵西三里。自顯陵碑亭前分西為裕陵神路。

《通鉴纲目三编》卷一二

一七九〇　天顺八年六月二十日　裕陵成

《明宣宗实录》卷六，参见《图书集成·职方典》卷三七，《日下旧闻考》卷一三七

壬寅，裕陵成。其制，金井、寶山，城池一座，①照壁一座，明樓、花門樓各一座，俱三間。香殿一座，五間，雲龍五彩貼金，硃紅油。石碑一，祭臺石一，燒紙爐二。神厨正房五，左右廂房六。宰牲亭一，墻門一，奉祀房三，門房三。神路五百三十八丈七尺。神公監②前堂五間，穿堂三間，後堂五間，左右廂房四座、二十間。圍圍歇房并厨房八十六，③門樓一，門房一，大小墻門二十五，小房八，④井一，神馬房、馬房二十，⑤歇房九，馬椿三十二，大小墻門六，⑥白石橋三，甎石橋二。周圍包砌河岸、溝渠三百八十八丈二尺，栽培松樹二千六百八十四株。經始於是年二月二十九日，至是成。

① 金井寶山城池一座　抱本山作花。

② 神公監　抱本公作宫，是也。

③ 八十六　抱本六下有間字，是也。

④ 小房八　抱本八下有間字。

⑤ 神馬房馬房二十　抱本作神馬房二十。

⑥ 大小牆門六　抱本無大小二字。

一七九一　天顺八年七月初七日　修理阙里大成庙

山東布、按二司奏，闕里大成廟御製碑樓、奎文閣、四角樓，并週圍①牆垣，歲久不葺。先以奏行修理，②奉詔停止，虚棄前功。請畢其役。會衍聖公孔弘緒亦以為言。從之。

《明宪宗实录》卷七

① 週圍　抱本週作周。

② 先以奏行修理　抱本以作已，是也。

一七九二　天顺八年七月二十九日　命修理天地坛

命工部修理天地壇殿、廊、齋宮、窗櫺，及正殿、天庫、神庫、齋宮墻壁。

《明宪宗实录》卷七

一七九三　天顺八年八月初二日　修理皇陵及白塔坟

奉御穆青奏：皇陵及白塔墳殿宇歲久不葺。又，厨庫、鍋臺俱已損壞，不堪供祀事。下工部，請命守臣接實修理，鑄造。從之。

《明宪宗实录》卷八

一七九四　天顺八年八月二十三日　赏造裕陵京卫官军

賞京衛官軍方榮等銀十萬九百三十六兩，絹六千八百八十疋，胡椒一千二百四十四斤。以造裕陵工完也。

《明宪宗实录》卷八

一七九五　天顺八年九月二十一日　革湖广武昌护卫仓

壬申，革湖廣武昌護衛倉。時各王府倉廒悉已裁革，惟存本倉。巡撫都御史王儉以為言，遂革之。

《明宪宗实录》卷九

一七九六　天顺八年十一月初七日　复设京卫武学

復設京衛武學。時武學廢久已①。刑科給事中金紳請復設，以育將才。宜選有學之士，授以學官。令五府各衛自指揮以上應襲子弟入學，講讀武經②，討論古今為將勝敗之蹟。每月朔③，總兵及兵部尚書、侍郎下學考試，以勵勤怠。詔議行之。於是以太平侯張軏舊第為武學，以南京國子監助教閻禹錫為國子監監丞掌學事④。禹錫先任國監丞⑤，以言事調徽州府經歷，又改南京國子監助教。至是吏部言其老成熟監規，可用。遂復其官，驛詔用之。

《明宪宗实录》卷一一

① 時武學廢久已　抱本作時武學已廢久矣。
② 武武經　抱本作武經，是也。
③ 每月朔　抱本朔下有望日二字。
④ 掌學事　抱本掌下有武字。
⑤ 國監丞　抱本作國子監監丞，是也。
⑥ 驛詔用之　抱本詔作召，是也。

一七九七　天顺八年十一月二十八日　复书襄王减省不急之务

《明宪宗实录》卷一一，参见《明宪宗宝训》卷二

丁丑，先是襄王瞻墡於　先帝時請興工造碑、鑄鍾①。至是，上言以趣其成。

上復襄王書曰：朕初即位，與民休息，一切不急之務俱從減省。已頒詔布大信于天下。況茲二事亦非急務，若勉徇所請，不惟使朝廷失信于下，恐亦無益于叔祖之盛德也。叔祖讀書明理，素稱賢達，正賴匡輔不逮，以康濟兆民。尚其亮之。

① 鑄鍾　抱本鍾作鐘，是也

一七九八　天顺八年十二月十三日　泥饰太社稷坛墙垣

壬辰，工部奏：太社太稷壇墻垣黝堊剝落，及祭器損壞。請泥飾修理。從之。

《明宪宗实录》卷一二

一七九九　天顺八年十二月十五日　凿渠引水入西安城

巡撫陝西都御史項忠奏：西安府城內井泉鹹苦，飲者輙病。舊有龍首一渠引水從東門以入。然水道依山遠至七十里，艱于修築[①]，歲用頗繁。且水利止及城東，西北居民不得取飲。其西南皂河還城僅一舍許，請鑿渠引水從西入城，與龍首渠二水相濟，則舉城居民均享其利。事下工部，請勘實修鑿。從之。

《明宪宗实录》卷一二

① 艱于修築　抱本艱作難。

一八〇〇 天顺八年十二月十七日 肃王薨命有司营葬

丙申

肅王瞻焰薨。王莊王之子，母張氏，永樂丁亥生，歲甲辰襲封。天順甲申薨，年五十七。至是訃聞，上輟朝三日，遣官致祭，命有司營葬事，謚曰康。

《明宪宗实录》卷一二

一八〇一 天顺八年十二月二十一日 韩王妃薨赐祭葬如例

庚子，韓王徵釙妃石氏薨。妃兵馬指揮昉之女，景泰四年冊封。至是薨，訃聞，賜祭葬如例。

《明宪宗实录》卷一二

一八〇二　天顺八年　诏重修阙里先圣庙

乾隆朝《兖州府志》卷一〇

八年，詔山東巡撫賈銓重修闕里先聖廟。

一八〇三　天顺八年　诏重修阙里孔子庙

乾隆朝《曲阜县志》卷二八

詔重修闕里孔子廟。

一八〇四　天顺八年　令修理帝王陵寝被毁发者

《国朝典汇》卷一一七

天順八年，令各處帝王陵寢被人毁發者，所在有司即時修理如舊。仍令附近人民一丁看護，免其差役。

一八〇五　天顺八年　建裕陵祠祭署

《日下旧闻考》卷一三七

裕陵祠祭署建於宰牲亭左，中爲公座，左右楹爲官舍，前爲門，天順八年建。

一八〇六　天顺八年　诏寺观不许增修请额

天順八年詔，京城內外寺觀今後不許增修請額。

《明会典》卷五九

一八〇七　天顺八年　复建善果寺赐今额

析津日記。善果寺在宣武門外西南二里白紙坊，舊名唐安寺。天順甲申，尚膳監陶榮復建。既訖工，賜今額。內有翰林修撰嚴安理、太常寺卿張天瑞二碑。一立石於成化丁亥，一立石於弘治十六年。碑俱云，寺乃南梁漢典元府唐安寺也。文義殊不可解。

《图书集成·职方典》卷四五

一八〇八　天顺八年　复建善果寺赐今额　《日下旧闻考》卷五九

【原】善果寺在宣武門外西南二里白紙坊，舊名唐安寺。天順甲申，尚膳監陶榮復建，既訖工，賜今額。内有翰林修撰嚴安理、太常寺卿張天瑞二碑，一立石於成化丁亥，一立石於弘治十六年。碑俱云寺乃南梁漢興元府唐安寺也，文義殊不可解。析津日記

〔臣等謹按〕善果寺在廣寧門大街北巷内。明成化中翰林院修撰嚴安理碑，正德中太常寺卿張天瑞碑俱存。析津日記謂張碑立於弘治十六年者，誤也。嚴碑文甚淺鄙，所謂南梁漢興元府之唐安寺者尤不可解，張碑無之。寺又有成化十九年禮部尚書周洪謨碑，正德三年光禄寺少卿李紳碑，本朝康熙十一年大學士馮溥碑碑載順治十七年世祖章皇帝臨幸其地云。

【增】嚴安理善果寺碑畧　宣武關外西南三里許，地志曰白紙坊，乃南梁漢興元府之唐安寺，廢弛歲遠，基址尚存。天順甲申春，尚膳監太監陶公榮施財鳩工，次第焕新，奏請額，賜曰善果寺。成化丁亥孟夏立。

【增】張天瑞重修善果寺碑畧　内官監太監姚公訓於弘治十六年冬因善果招提日久傾頽，欲爲鼎新之計，未敢自專。一日，上御便殿，頓首陳奏。上俞允，遣内官監太監鄧永等總領諸色人匠往莅其事。寺成於弘治乙丑冬十月。次年丙寅上卽位，又二年戊辰，始求予文記之。正德三年正月立。

天顺朝

（一四五七年一月至一四六五年一月）

一八〇九　**天顺初　承天门灾**　《殿阁词林记》卷一三

天順初，承天門災。

一八一〇　**天顺朝　承天门灾**　《罪惟录》传卷一一上

會承天門災，詔復賢尚書。

一八一一　**天顺朝　雷破承天门**　《罪惟录》传卷一六

會雷破承天門，聲徹後宮，宥編置金齒。

《彭文宪公笔记》

文淵閣在午門内之東，文華殿南面，磚城，凡十間，皆覆以黄瓦。西五間中揭文淵閣三大字牌扁，牌下置紅櫃，藏　三朝實録副本。前楹設櫈東西坐。餘四間背後列書櫃，隔前楹爲退休所。李公自吏部進，以傷坐不安，令人移紅櫃壁後，設公座，予曰不可。聞　宣德初年，聖駕至此坐，舊不設公座，得非以此耶。李曰，事久矣，今設何妨。予曰，此係内府，亦不宜南面正坐。李曰，東邊會食處與各房却正坐如何。予曰，此有牌扁故爲正，彼皆無扁故也。李曰，東閣有扁亦正坐，何必拘此。予曰，東閣面西，非正南也。李詞氣稍不平曰，假使爲文淵閣大學士，豈不正坐。烏有居是官而不正其位乎。予曰，正位在外諸衙門則可，在内决不可。如欲正位，則華蓋、謹身、武英、文華諸殿大學士將如何耶。蓋殿閣皆是至尊所御之處，原設官之意止可侍坐備顧問，决無

正坐禮。李公方語塞，然意猶未已。踰數日，
上遣太監傅恭送銅範飾金孔子并四配像一龕
來，遂置於中間。又數日，遣太監裴當送聖賢畫像
一幅來懸於龕後壁上。乃罷不設座。蓋李爲人好
自尊大，往往不顧是非，直行已志如此。

一八一三 天顺朝 文渊阁规制

《翰林记》卷二

時嘗記其事曰，文淵閣在午門之外迤
東，文華殿南面。磚城凡十間，皆覆以黃瓦。西五間中揭
文淵閣三大字牌扁。牌下置紅櫃，藏三朝實録副本。儘
前楹設凳東西坐。餘四間皆後列書櫃，隔前楹爲退休
所。李公自吏部進，以傍坐不安，令人移紅櫃壁後，欲設
公座。予曰不可。聞宣德初年聖駕至此，故不設公座。李
曰事久矣，今設何妨。予曰，此内府也，亦不宜南面正坐。

李曰，東邊食處與各房却正坐。如何。予曰，此有牌扁故爲正，彼皆無扁故也。李曰，東閣有扁亦正坐，何必拘此。予曰，東閣西面非正南也。李詞氣稍不平，曰，焉有居是官而不正其位乎。予曰，正位在外諸衙門則可，在内決不可。如欲正位，則華蓋、謹身、武英、文華諸殿大學士將如何耶。蓋殿閣皆至尊所御，原設官之意，止可侍坐以備顧問，決無正坐理。李語塞，然意猶未已。踰數日上遣太監傅恭送範銅飾金孔子并四配像一龕來，敬置於中間。又數日，遣太監裴富送聖賢畫像一副來懸於龕後壁上。乃罷不設焉。

一八一四　**天顺朝　文渊阁规制**　《殿阁词林记》卷九

視事

殿閣大學士雖設自洪武中，然同在内閣視事，則自永樂初年始。其坐次不敢正席者，以車駕所嘗臨幸故也。天順中，大學士李賢疑與外衙門同，將欲正席坐。同列彭時不可，乃止。時常記其事曰：文淵閣在午門之内迤東，文華殿南面，磚城凡十間，皆覆以黄瓦。揭文淵閣三大字于閣門中間，置紅櫃，藏歷朝訓録副本。前楹設凳東西，餘四間後列書櫃，隔前楹所。李賢自吏部進，以傍坐不安，令人移紅櫃壁後，欲設公座。時曰：不可，聞宣德初年　駕幸至此，故不設公座。李曰，事久矣，今設何妨。時曰，此　內府也。亦不宜南面正座。李曰，東邊會食處與各房卻正座。如何。時曰，此有牌扁，故爲正，彼皆無扁故也。李曰，東閣有扁，亦正坐，何必拘此。時曰，東閣西面，非正南也。李詞氣稍不平，曰，爲有居是官而不正其位乎。時曰，正位在外諸衙門則可，在內決不可。如欲正位，則華蓋、謹身、武英、文華諸殿大學士將如何耶。蓋殿閣皆至尊所御，原設官之意止可侍坐，以備顧問，決無正坐理。李語塞，然意猶未已。踰數日，

上遣中官傳恭送孔子并四配像一龕，置於中間。又數日，遣太監裴當送聖賢畫像一副，來懸於龕後壁

上。乃罷不設坐焉。

一八一五　天顺朝　增饰南内

《万历野获编》卷二四

【南内】余曾游南内。在禁城外之巽隅。亦有首門二門。以及兩掖門。即景泰時錮英宗處。所稱小南城者是也。二門内亦有前後兩殿。具體而微。旁有兩廡。所以奉太上者止此矣。其他離宫以及圓殿石橋。皆復辟後天順間所增飾者。非初制也。聞之老中官。不特室宇湫隘。侍衛寂寥。即膳羞從竇入。亦不時具。并紙筆不多給。慮其與外人通謀議也。錢后日以鍼繡出貿。或母家微有所進。以供玉食。故復辟後待錢氏甚厚。至兩幸其第。或云今所傳誦三官經。爲英廟無聊時所作。南内諸樹石。景帝俱移去建隆福寺。後英宗反正。將當時内官鎖項。修葺既成。壯麗大逾於舊。雜植四方所貢奇花果於中。每春暖花開。命中貴陪閣臣游賞。當天順修理畢工時。尚書趙榮、侍郎蒯祥、陸祥。各賞銀二十兩。紵絲二襲。榮以楷書。二侍郎。一木匠。一石匠也。三堂俱異途可笑。

一八一六　天顺朝　增置南宫

《典故纪闻》卷一三

英宗在南宫，悦其幽静，既復位，數幸焉。因增置殿宇，其正殿曰「龍德」，左右曰「崇仁」、曰「廣智」，其門南曰「丹鳳」，東曰「蒼龍」。正殿之後，鑿石爲橋，橋南北表以牌樓，曰「飛虹」、曰「戴鰲」，左右有亭，曰「天光」、曰「雲影」。其後疊石爲山，曰「秀巖」，山上正中爲圓殿，曰「乾運」。其東西有亭，曰「淩雲」、曰「御風」，其後殿曰「永明」，門曰「佳麗」。又其後爲圓殿一，引水環之，曰「環碧」，其門曰「静芳」、曰「瑞光」，别有館，曰「嘉樂」、曰「昭融」，有閣跨河，曰「澄輝」。皆極華麗。至是俱成，後又雜植四方所貢奇花異木於其中，每春暖花開，命中貴陪内閣儒臣賞宴。

一八一七　天顺中　于南内作离宫

《罪惟录》志卷二八

天順中，于南內作離宮，東爲「蒼龍門」，南爲「南鳳門」，中爲「龍德殿」，左右曰「崇仁」、「廣智」。殿之北，有「天心」、「雲影」二亭。又北，叠石爲山，山名「秀麗」。上有圓殿，曰「乾運」。東西二亭，曰「凌雲」、「御風」。山後爲「佳麗門」，又後爲「永明殿」。最後復有圓殿，引流水繞之，曰「環碧」。

一八一八　天顺朝　增置南城为离宫

《图书集成・考工典》卷五一

湧幢小品。南城在大內東南，英皇北狩還居之。其中翔鳳等殿石闌干，景皇帝方建隆福寺，內官悉取去。又伐四圍樹木。英皇甚不樂，既復辟，下內官陳謹等於獄。尋增置各殿爲離宮者五。大門西向，中門及殿南向。每宮殿後一小池，跨以橋，池之前後爲石壇者四，植以栝松。最後一殿供佛，甚奇古。左右迴廊與後殿相接，蓋倣大內式爲之。

一八一九　天顺朝　令推坏南城垣墉

《图书集成·考工典》卷五一

舊京遺事。初，英廟居南城，垣墉峻密。及復辟之日，令人推壞南城曰，我得出此，天也。欷歔而返。至今玉河橋北皇城豁達如洞，雖每歲修治城垣，而此未嘗版築。

一八二〇　天顺初　令修葺小南城

《茶余客话》卷九

皇史宬

皇史宬即小南城。景泰錮英宗處。內初有樹石。景泰俱令移栽大隆福寺。復辟後。令內官修葺壯麗。遍植花木。每春。令閣臣遊賞。天順初。大工成時。工部尙書趙榮以楷書生起家。侍郎則蒯祥、陸祥。一木匠。一石匠也。

一八二一　天顺朝　增置南城宫殿　《宸垣识略》卷三

南城在大内東南，英皇北狩還居之。其中翔鳳等殿石闌干，景皇帝方建隆福寺，内官悉取去之，又伐四圍樹木。英皇甚不樂。既復辟，下内官陳謹等於獄。尋增置各殿爲離宫者五：大門西向，中門及殿南向；每宫殿後一小池，跨以橋；池之前後爲石壇者四，植以栝松；最後一殿供佛，甚奇古；左右迴廊與内殿接，倣大内式爲之。

考按：東苑久廢，其地當在今東華門之東南，景泰間英宗居之，稱曰小南城，蓋東苑中之一區耳。復辟後，又增置三路宫殿，因統謂之南城。

一八二二　天顺朝　命即太液池作行殿　《典故纪闻》卷一三

西苑舊有太液池，池上有蓬萊山，山顛有廣寒殿，金所築也。西南有小山，亦建殿於其上，規制尤巧，元所築也。英宗命即太液池東西作行殿三，池東向西者曰凝和，池西向東對蓬萊山者曰迎翠，池西南向以草繕之，而飾以堊，曰太素，其門各如殿名。有亭六，曰飛香、擁翠、澄波、歲寒、會景、映暉，軒一曰遠趣，館一曰保和。時或臨幸，召文武大臣游賞。

一八二三　**天顺朝　创建西苑太素殿**

《日下旧闻考》卷三五

〔臣等謹按〕太素殿，明天順年間創建，今之五龍亭卽其舊址。水簾石池似在白塔之西岸，南臺卽今瀛臺也。

一八二四　**裕陵在石门山**

《昌平山水记》，并见《图书集成·坤舆典》卷一三〇

裕陵在石門山，距獻陵西三里。自獻陵碑亭前分西為裕陵神路。路有小石橋，碑亭北有橋三道，皆一空。平刻雲花，殿無後門，榜曰裕陵，碑曰大明英宗睿皇帝之陵。餘竝如景陵。寶城如獻陵，垣内及冢上樹一百六七十株。

一八二五　英宗陵在石门山　《清一统志》卷三

石門山在昌平州西北二十五里，明英宗葬此。

一八二六　天顺朝　代宗葬西山郕王园　《罪惟录》志卷一六

代宗崩後，仍降郕王，葬西山，不稱陵。諸妃嬪唐氏等，初俱賜紅帛以殉，并欲殉故皇后汪氏，李賢奏止之。後汪氏得合葬郕王園。杭妃雖以子見濟故，幽汪后，得立爲后，景泰七年先薨，主入太廟，後革，主還別室。

一八二七 天顺改元 立江宁贡院之碑

乾隆朝《江南通志》卷七〇

吳節江寧貢院碑記。

貢舉有院，內外通制也。南京應天府爲天下貢院首，其制度亦爲四方所取法。自設科以來，其地凡四易。洪武初，以北城演武場爲之。永樂中移於郡學之文墀。正統間復徙武學之講堂後。士多地隘，非闢廡毀垣不足容。景泰初，府尹馬諒將修述職之典於朝，乃進耆宿而咨之。咸曰秦淮之陽有地廓如，前武臣没入廢宅也，鞫爲圉隸之圃久矣。若葺而理之，可辦也。公曰諾。即具本以聞。詔禮部勘覆，如其所言。遂與府丞陳宜首任經費，而寮寀之良亦各捐俸爲助。乃塲工市材，募力啓士，盡撤其舊而新之。中爲至公堂，監臨、侍御與知貢舉官居之。左右夾室則封檢、對讀之所也。後爲內簾寢室，翰林正考主之。東西有廂，則同考師儒較讐之處也。堂之前地平而勢整，甲乙相向，可爲席三千有奇，所以待士也。由南而入，則重門縈紆，護之以棘，所以防搜檢而嚴更僕也。與凡庖湢之房，饁廩之庫，亦有位次。而什物之需，几案之用，又皆因時而爲之者也。工畢，適歲癸酉大比，届期合成均與畿甸之士奉試如式。比撤棘而得人加多，乃相與列宴於新堂之上。時鹿鳴興歌，籩豆有踐，流觀煥彩，文物交并。京闈科貢之盛，於斯爲備矣。天順改元，恭逢聖君蒞祚。首降恩詔，切於求賢。於是京府長寮以爲文運方隆平昔，而是院更新，宜有所記。乃具始末，來徵文將刻諸石。竊惟進士之科，始於成周，盛於漢、唐、宋，而最盛於胡。蓋士君子入仕之顯階，至公之通道也。然儀必當物，禮不虛隆。故敷納之訓，式燕之雅，具於經，而賓興之典，計偕之令，又於禮制有足徵焉。然此皆上之所以待士也。若夫功業相尚，以致君澤民爲心，所以掀揭天地而亘昭古今，則又在乎士之愼重何如耳。不然則賢能之書，奚以表見於當世耶。節忝斯文，嘗執筆於此，不敢以菲薄辭。謹述具造之由，以彰昭代人文之盛，美尹丞締構之功，兼以諗夫豪傑之士，各勉勉擢於後日云。

一八二八　天顺朝　赐襄府宫殿黄琉璃

万历朝《襄阳府志》卷一一

襄王國考

襄憲王諱瞻墡，昭皇帝第五子，母即昭皇后也。永樂四年三月十六日生，二十二年封襄王，國長沙。文皇帝北伐，次榆林崩，時昭皇帝以太子居守南京，遣詔王監國。誠仁肅政，上下相安。俄而昭皇帝崩，宣章皇帝立，漢庶人爲亂，帝自將討之，復留王監國。宣德四年始就國。王以長沙卑濕，正統三年請徙襄陽焉。十四年，睿皇帝北狩，爲虜酋也先所羈。王聞變

手疏 太后，速立皇太子，以郕王輔政。急發府庫財募勇敢勤王，爲迎復計。言甚切。至疏入時，郕王已即位八日矣，不得達。太后。景泰七年 睿皇帝回鑾居南内。又手疏請 景皇朝夕侍膳，朔望率群臣問安，不報。睿皇帝復辟，偶於宫中得 王二疏，不覺悲感泣下，曰世有如叔父愛我者乎。遣太監夏時齎御書迎 王入京。書見懿文，情禮周備，欵留不得，乃賜護衛及旗手司、贓坊司，春秋上戊祭社稷山川，賜陪祭官牙牌。又雕玉爲襄王之寶四字賜之。曰叔父有密語則用也。王拜受之。又賜宫殿黄琉璃，河南絶户地，又賜襄陽山地五千頃，食鹽三千引，及稅課司各縣漁橙。

一八二九　天顺朝　賜衍圣公大第　《明史》卷二八四

仁宗踐阼，彥縉來朝。仁宗語侍臣曰：「外蕃貢使皆有公館。衍聖公假館民間，非崇儒重道意。」遂賜宅東安門外。

英宗復辟，入賀。朝見便殿，握其手，置膝上，語良久。弘緒纔十歲，進止有儀，帝甚悅。每歲入賀聖壽。帝聞其賜第湫隘，以大第易之。

一八三〇　天顺朝　賜衍圣公大第　《日下旧闻考》卷四四

增英宗復辟，孔宏緒入賀，朝見便殿。帝握其手置膝上，語良久。宏緒纔十歲，進止有儀，帝甚悅。每歲入賀聖壽，帝聞其賜第湫隘，以大第易之。明史列傳

〔臣等謹按〕明史列傳，仁宗踐阼，孔彥縉來朝，賜宅東安門外，是即立齋閒録所記賜宅事也。按闕里文獻考云，宅在東安門北，今已不可考。後英宗聞賜第湫隘，以大第易之，即今太僕寺街第也。

一八三一　**天顺朝　命为石亨营第宅**　《明会要》卷七二

天順初，帝命所司爲石亨營第宅，既成，壯麗踰制。帝登翔鳳樓見之，問誰所居？恭順侯吴瑾謬對曰：「此必王府。」帝曰：「非也。」瑾曰：「非王府，誰敢僭踰若此？」帝頷之。（石亨傳。）

一八三二　**天顺朝　建明因寺**　《天府广记》卷三八

明因寺在天壇北，天順時建。内有貫休所畫羅漢十六軸，僧紫柏各係以贊。僧寮左壁有董文敏其昌書佛成道記，天啓二年刻石。

一八三三　**天顺朝　敕建兴善寺**　《宛署杂记》卷一九

興善寺在蘆溝橋西，天順間勑建，嘉靖四十三年奉勑重修。工部尚書雷禮記。

一八三四　天顺朝　重修崇效寺

析津日記。元至正初，以唐貞觀元年所建佛寺舊址建寺，賜額崇效。明天順間重修。嘉靖辛亥，掌丁字庫內官監太監李朗於寺中央建藏經閣。有都人夏子開、高明區大相二碑。閣東北有臺，臺後有僧塔三，環植棗樹千株。以地僻游人罕有至者。

《图书集成·职方典》卷四五

一八三五　天顺朝　重建永泰寺

高井衚衕：廾一。有永泰寺，元舊刹，明天順間重建。

《京师坊巷志稿》卷上

一八三六　天顺间　建寺赐额鹫峰寺

鷲峯寺在鈔庫街南。齊爲東府城。宋爲江總宅。唐乾元中，刺史顔眞卿公置放生池，東接青溪。宋淳熙間，待制史正志移於青溪之曲。明天順間，即其地建寺，賜額曰鷲峯。[illegible]

康熙朝《江宁府志》卷三一，并见《图书集成·职方典》卷六六一

一八三七　天顺间　赐额普利寺

普利寺，在三山門內。明景泰間建，天順間賜額。萬曆戊戌災，山門圍牆基址僅存。

《图书集成·职方典》卷六六一

一八三八　天顺中　敕建明灵王庙　乾隆朝《正定府志》卷八

明靈王廟　在東關，明天順中奉勅建。靈壽誌云，王邳姓，諱彤，漢世祖雲臺功臣之一。食采于靈，邑人立廟祀之。明天順時，英宗病瘡，夢有人陰治之，已而果愈。即夢中所見求之，乃神也。特封明靈王，事頗近怪。

一八三九　天顺初　重建报国寺赐额　崇祯朝《吴县志》卷二四

報國禪寺在府學西。元至元間普炤明禪師開山。本朝洪武中歸併開元寺。天順初僧志學重建，賜額報國寺。

英宗时期

（一四三六年一月至一四六五年一月）

一八四〇 英宗时期 修南海子桥 《日下旧闻考》卷七五

原 正統七年正月，修南海子北門外橋。八年六月，修南海子紅橋。十月朔，上諭都察院曰：南海子先朝所治，以時游觀，以節勞佚。中有樹藝，國用資焉。往時禁例甚嚴，比來守者多擅耕種其中，至私鬻所有，復縱人芻牧。其卽榜諭之，違者罪無赦。十年正月，修南海子北門外紅橋。十二年六月，修南海子北門大紅橋。天順二年二月，修南海子行殿大紅橋一，小橋七十五。明英宗實録

一八四一 英宗时期 增京师八景为十景 《翰林记》卷一一

欽定四庫全書　翰林記 卷十一　十二

翰林儒臣嘗被命賦京師八景詩以獻。曰瓊島春雲，曰太液晴波，曰西山霽雪，曰玉泉垂虹，曰盧溝曉月，曰薊門煙樹，曰金臺夕照，曰居庸疊翠。英宗增其二，曰南囿秋風，曰東郊時雨，為十景焉。

一八四二　英宗时期　重修东岳庙

弘治朝《泰安州志》卷一

祠廟

東嶽廟二。一在嶽頂，至元間道士張志純重脩。一在州城西北隅，宋大中祥符間剏建。金大定間易砌磚城，週圍二里，高二丈，建四門，各有樓。南曰岱嶽，北曰魯瞻，東曰青陽，西曰素景。四角亦建樓，西北曰乾樓，東北曰艮樓，東南曰巽樓，西南曰坤樓。中為正殿，曰仁安。後則廣福、威明、東寢、西寢、東閣、西閣、注禄、注福，及諸神殿，暨鐘樓、鼓樓、齋心、洗心堂、井亭、神庫具備。不[illegible]燬火。

國朝永樂初重為脩理，宣德中復火之。正統間奉

勑重建。天順間知府陳銓啓勑。今殿前有仁安門，在配天門之內。岱嶽門在配天門之外。殿之左右有太尉殿，正寢左右寢庭之東建

太祖高皇帝御製文碑亭。又有誠享殿在廟城東南隅，延禧殿、誠明堂在廟城西南隅，祭器有庫，齋宿有室。岱嶽門正南有草參亭，前達通衢。亭有銅鏡一面，左石闕，右石闕，左燈樓，右燈樓。詳見詩文類。

一八四三　英宗时期　智化寺奉王振香火

《菽园杂记》卷五

京衛武學之東智化寺，太監許安輩以奉王振香火者。

天順間，主之者僧官然勝，讀書解文事。

一八四四　英宗时期　赐王振祠额曰旌忠

《立斋闲录》卷四

正統壬戌冬，張太后既崩。王振猶無忌憚，作大第于

皇城東。又明年，作智化寺于居東以祝釐，自撰碑。及土

木之難，言官論其擅權誤國，或有謂振陷虜中，爲虜所

用者。振族黨並坐誅夷，居第没入于官。後爲京衛武學，

天順改元，振黨以聞。

裕陵大怒，云振見殺于虜，乃朕親見。追責言者過實，皆

貶竄。　詔復振元官，命於智化寺北刱像祀之，勑賜祠

額曰旌忠。

一八四五　英宗时期　赐王振祠名旌忠　《万历野获编》补遗卷一

正統己巳之難。全由王振。英宗錮南内者七年。亦良苦矣。復辟之冬十月。即用太監劉恆等言。命招魂以葬振。次年又下廣西參政羅綺於法司禁錮之。又一年。智化寺住持僧然勝。又奏故太監王振有功社稷。已賜祠名旌忠。立碑於祠前。再乞贈謚爲萬世勸。上命禮部議之。至天順六年。然勝又奏智化寺成於太監王振。舊有賜經及敕諭。正統十四年散失無存。乞仍頒賜。以慰振於冥漠。上又從之。

一八四六　英宗时期　赐王振祠额曰旌忠　《明书》卷一五八

先是。正統中。振作大第於皇城東。又明年。作智化寺於第左。及土木之變。言官劾其擅權誤國。或有謂今陷寇中反爲寇用者。振族黨並誅。第宅沒官。改京衛武學。至是。振黨以聞。上大怒曰。振爲寇所殺。朕親見之。追責言者。皆貶竄。詔復振原官。刻木爲振形。招魂以葬。塑像於智化寺北。祀之。敕賜祠額曰旌忠。憲宗立。以言論毀之。

一八四七　英宗时期　赐王振碑文

《图书集成·职方典》卷四二

武宗實錄。正德二年五月陞僧錄司右覺義性道爲右講經，僉押行事兼智化寺住持。寺乃故太監王振建。天順初賜王振碑文，立旌忠祠於寺內，以僧官主之，至性道三傳矣。劉瑾欲效振所爲，故乞陞性道。

一八四八　英宗时期　塑像智化寺北祠王振

《日下旧闻考》卷四八

〔臣等謹按〕智化寺今存，在祿米倉東。王振祠及像，明典彙謂在智化寺北，實録謂在智化寺內，其實在寺中之北，非兩處也。振以閹豎誤國，罪不容誅，英宗復位，刻像立祠，勒碑寺中，其惑已甚。本朝乾隆八年，御史沈廷芳奏聞，奉旨，毀像及碑。

一八四九　天顺复辟　建皇姑寺　《帝京景物略》卷五

皇姑寺

皇姑寺，英宗睿皇帝復辟建也。正統八年，駕出紫荊關，親征也先。陝西呂尼，迎駕諫行，曰：『不利。』上怒，叱武士交捶，尼趺坐以逝。及蒙塵虜營，數數見尼，娓娓有所説，時時授上餅餌。駕返，居南宫，數數見尼，娓娓有所説。復辟後，詔封皇姑，建寺，賜額曰：順天保明寺。或曰：隱也，如云明保天順焉。後殿祀姑肉身，趺坐愁容，一媪也。萬曆初年，像未飾以金，頂猶熱爾。姑著繡帽，製自宫中。殿懸天順手勅三道，廊繪己巳北征之圖。今寺尼皆髮，裹巾，緇方袍，男子揖。

一八五〇　天顺中　建顺天保明寺　《春明梦余录》卷六六，并见《天府广记》卷三八

順天保明寺　天順中建，俗稱皇姑寺。正統八年征也先，陝西呂尼叩馬諫而死。及復辟，乃爲建寺，肉身在寺中。

一八五一 天顺复辟 建皇姑寺

康熙朝《宛平县志》卷一

皇姑寺

明英宗天順八年，為權閹王振誘幸邊外，方度居庸。有陝呂尼迎駕，諫阻曰出必不利。上怒叱。武士交捶之，尼跌坐而逝。上北狩，數數見尼來有所説，時或遺上餅餌不絶。及還都，居南内，數數見尼有所説。復辟後詔封尼皇姑。為建寺，賜額曰順天保明。後殿居姑，肉身跌坐，愁容一媪也。至萬曆間，猶未裝金，姑頂尚熱。

一八五二 天顺复辟 建敕赐保明寺

《图书集成·职方典》卷四七

耳譚：宛平縣西黄村有勅賜保明寺。寺中尼呂氏，陝人。正統間，駕出關，尼送駕，苦諫不聽。及上還轅復辟，念之，乃建寺賜額。人稱爲皇姑寺。

一八五三　天顺复辟　建保明寺　《清一统志》卷五

顯應寺在宛平縣西黄村，俗呼黄姑寺。相傳明正統八年北征，有陝西呂尼苦諫不聽。及復辟，爲建寺，名曰保明。

一八五四　天顺复辟　建顺天保明寺赐额　《日下旧闻考》卷九七

原 宛平縣西黄村有勅賜保明寺，寺中尼呂氏，陝人。正統間，駕出關，尼送駕苦諫，不聽。及上還轅復辟，念之，乃建寺賜額，人稱爲皇姑寺。耳譚

〔臣等謹按〕今顯應寺左有屋數椽，尚懸保明寺額，内爲女僧呂氏塋。塋前有嘉靖四年勅賜碑，載呂氏陝西西安府邠州道安里王壽村人，碑後並刻有像。

原 順天保明寺是比邱尼焚修處，寺建自呂姑。正統間諫阻北征，不聽，後復辟念之，封爲御妹，建寺賜額。藏天順手勅三道。有寺人司户，人不易入。燕都遊覽志

一八五五　英宗时期　京城内外建寺赐额二百余区

《双槐岁钞》卷五

太學生進諫

景泰初大開言路。太學生西安姚顯疏言，王振竭生民膏血修大興隆寺，極爲壯麗，車駕不時臨幸。夫佛本夷狄之人，信佛而得夷狄之禍，若梁武帝，足鑒前車。請自今凡内臣修蓋寺院，悉行拆毁，用備倉廒，勿復興作。萬世之法也。時方建隆福寺，不爲停止，會寺成　上方議臨幸，有司夙駕除道。太學生濟寧楊浩疏言，

陛下即位之初，首幸太學，海内之士聞風快覩。今又棄儒術而重佛教，豈有　聖明之主事夷狄之鬼，而可垂範後世者邪。會儀制郎中章綸亦以爲言。

上即日罷行。先是，虜賊自弑其主脱脱不花而擁其

衆，浩疏請乘虜使未還，出其不意，調遼東、陝西兵討之。二疏既上，名震京師。並仕河東運司判官。英廟復辟，用薦擢知順德府。陛辭日，召至文華殿親賜戒諭及寶鏹以行，累遷右副都御史，巡撫延綏。而顯不究於用云。自正統至天順，京城内外建寺、賜額者二百餘區，諫官不言，故二生取重於世焉。

一八五六 英宗时期 京城内外建寺二百余区

《昭代典则》卷一六，参见《国朝典汇》卷一三四

新建隆福寺成，車駕擇日臨幸，有司已夙駕除道。太學生楊浩等上疏言：陛下即位之初，首幸太學，海内之士聞風快覩，今又棄儒術而重佛教，豈有聖明之主事夷狄之鬼而可垂範後世者耶？儀制郎中章綸亦言：佛者夷狄之法，非聖人之道，以萬乘之尊臨非聖之地，史官書之，傳之萬世，實累聖德。帝覽疏即日罷行。時又有太學生西安姚顯言：王振竭生民膏血修大隆興寺，極爲壯麗，車駕不時臨幸。夫佛本夷狄之人，信之得禍，若梁武帝者足爲前車之鑒。請自今凡内臣修盖寺院，悉行拆毁，以備倉廒之用，勿復興作，萬世之法也。時不能用。自正統至天順，京城内外建寺二百餘區，大臣諫官不言而二生言之，一時名震中外。

一八五七　**英宗时期　京城内外建寺二百余区**　《罪惟录》传卷三一

蓋自正統至天順，京城內外建寺二百餘區矣。

一八五八　**英宗时期　京城内外建寺二百余区**　《明通鉴》正编卷二六

自王振佞佛，歲一度僧，大作佛事。數年以來，京城內外建寺二百餘區，以故釋教益熾。

一八五九　**英宗时期　木匠蒯祥历工部左侍郎**　《万历野获编》卷一九

正統間。有木匠蒯祥者。直隸吳縣人。亦起營繕所丞。歷工部左侍郎。食正二品俸。年八十四卒于位。賜祭葬有加。

荆祥，香山木工也。

一八六〇　英宗时期　蒯祥重作三殿

崇祯朝《吴县志》卷五三

正統中重作　三殿及文武諸司。

史料关键词分类索引

关键词分类索引说明

一　为方便检索，编辑『关键词分类索引』。

二　关键词一般为史料所使用的词汇。少量为编者根据史料内容提炼，如『都城规制』等。

三　关键词分为十五大类，即（一）建置，（二）山川，（三）城池，（四）宫殿，（五）苑囿、行宫，（六）坛庙，（七）陵寝，（八）衙署、学校，（九）王府、公主府与宅邸，（十）王坟、公主坟及其他坟墓，（十一）寺院庵观，（十二）馆驿仓库，（十三）街市、河渠、桥梁闸坝，（十四）营缮管理，（十五）建筑术语。大类之下酌情再分小类。

四　第一类『建置』，收录元、明行政及军事区划。级别低于州县的地名附于州县后。

五　第二类收录与都城、陵寝规划建设关系密切的，或明代命名的，以及列入明代祀典的山川湖泊。历代名胜归入。

六　第三类至第十三类按照建筑的功能分类。读者须留意者，首先，由于明代不同地点、不同时期的建筑如城门、宫殿等命名多有承袭延续，故同一名称所指不一定是同一建筑。其次，各类或已分有小类者，词汇排序仍各有内在逻辑，但不再过细分类以避免查找不便。

七　有些关于建筑群的文献记录有其中各单座建筑的名称，或不同时期的名称。为完整表达该建筑群的构成或历史，在主词后加括号。如『襄阳大承恩寺（广德寺、宝岩寺）』『镇江府丹徒县善禧寺（南山报恩寺、悠然阁、藏殿、山门、法堂）』。

八　寺院庵观数量庞大，为便于查找，编者酌情加了地名。

九　馆驿仓库类中还收录了厂、坊、草场等。

十　在第十四类『营缮管理』下，本时期内编纂颁行的舆地之书收录在营缮制度小类；各色工匠的身份和赴役制度的词汇收在职官工匠小类；参与规划管理与工程活动或与建筑活动密切相关的自然人收在人物小类。

关键词分类索引目录

关键词分类索引

建置

京师

布政使司

府

州县

都司卫所

元代建置

山川

城池

总叙

都城

中都与两京

地方城池与边城

宫殿

苑囿、行宫

坛庙

总叙

天坛（天地坛）

太庙

社稷坛

先农坛与山川坛

其他神祇与坛庙

历代帝王庙、孔庙与忠臣功臣祠庙

陵寝

衙署学校

衙署

学校

王府、公主府及宅邸

诸王

公主

王府

公主府

宅邸

王坟、公主坟及其他坟墓

寺院庵观

馆驿仓库

街市、河渠、桥梁闸坝

营缮管理

重大营建

营缮制度

职官工匠

人物

建筑术语

墙垣

门阙

殿堂

房舍

亭台楼阁

陵墓

局部与构件

材料

规划设计及技术做法

其他

征引书目

征引书目说明

一　为节约文字或区别同名书，《明代宫廷建筑大事史料长编·正统景泰天顺朝卷》所征引文献篇目有些做了简化处理。为方便读者查对，编『征引书目』。

二　征引书不分类别，排序以文献形成时间或该书初版的年代为依据。

三　征引书目各条包括以下要素：（一）各条史料标题中所标注的书名或篇目名；（二）原书名或篇目名，与前者相同者省略；（三）卷数；（四）编撰者；（五）成书年代或相关线索；（六）所用书版本；（七）所用书收藏机构。

四　本书编纂时多使用通行本，包括丛书和类书。凡征引书收录入丛书、类书者，藏书机构情况见丛书说明。

征引书目

《**东里集**》 九十三卷，明·杨士奇撰。《景印文渊阁四库全书》收《东里集》分文集二十五卷，诗集三卷，续集六十二卷，别集三卷。文集前有正统五年（一四四〇年）黄淮序。载《景印文渊阁四库全书》第一二三八册、一二三九册。

《**杨文敏集**》 二十五卷，明·杨荣撰。荣殁后子恭编次遗文为集。有正统十一年冬十二月吏部尚书王直序。收《四库全书》集部第六册。

《**石溪周先生文集**》 八卷，明·周叙撰。书有景泰元年（一四五〇年）三月萧镃序，万历乙未（万历二十三年，一五九五年）春正月同亨重刻文集序。据苏州市图书馆藏明万历二十三年周承超等刻本影印。载《四库全书存目丛书》集部第三一册。

《**陈文定公澹然全书**》 明·陈敬宗撰。陈敬宗，永乐二年进士，官至南京国子监祭酒，天顺三年卒，谥文定。载《明经世文编》卷三〇。

《**明一统志**》 《大明一统志》九十卷，明·李贤等奉敕撰，明天顺五年（一四六一年）四月书成。载《景印文渊阁四库全书》第四七二、四七三册。

《**芳洲文集**》 十卷，附录一卷，明·陈循撰。据山东省图书馆藏明万历二十一年（一五九三年）陈以躍刻本影印。载《续修四库全书》第一三二七册。

《**明英宗实录**》 《大明英宗睿皇帝实录》三百六十一卷，明·孙继宗监修，陈文、彭时等总裁，柯潜、万安、李泰等纂修，明成化三年（一四六七年）八月书成。台北『中央研究院』历史语言研究所校印抄本，一九六二年。故宫博物院图书馆。

《**明英宗宝训**》 《大明英宗睿皇帝宝训》三卷，明成化三年（一四六七年）与《明英宗实录》同时进呈。载明万历刊本《皇明宝训》。台北『中央研究院』历史语言研究所校印抄本，一九六二年。故宫博物院图书馆。

《彭文宪公笔记》 一卷，明·彭时撰。彭时，正统十三年状元，官至内阁首辅，成化十一年卒。载《纪录汇编》卷一二六、《国朝典故》卷七二。

《古廉文集》 十一卷，附录一卷，明·李时勉撰。有成化十七年（一四八一年）萧尚彝序。载《景印文渊阁四库全书》第一二四二册。

《立斋闲录》 四卷，明·宋端仪撰。记载明洪武元年至成化二十三年之间的朝廷大事、制度与典故。载《国朝典故》第三九至四二卷。

《中都志》 十卷，明·柳瑛纂修，成于成化丁未（成化二十三年，一四八七年）。据明隆庆三年（一五六九年）重刻本影印，载《天一阁藏明代方志选刊续编》第三三、三四册。又，据南京图书馆藏明弘治刻本影印，用安徽省图书馆藏民国钞本补一至四卷，载《四库全书存目丛书》史部一七六册。

弘治朝《泰安州志》 十卷，明·李锦纂。明弘治元年（一四八八年）仲春刻本。胶片，中国国家图书馆分馆。

《菽园杂记》 十五卷，明·陆容撰。陆容，南直隶苏州太仓人，娄东三凤之一，《明史·文苑》有传。中华书局《历代史料笔记丛刊》排印本。故宫博物院图书馆。

《病逸漫记》 不分卷，明·陆釴撰。陆釴，娄东三凤之一，《明史·文苑》有传。本书载录弘治朝及以前史事，保存了许多有价值的史料，可补正史缺略。载《纪录汇编》第二〇一卷。另有《历代小史》等本。

《双槐岁抄》 十卷，明·黄瑜撰。有弘治八年（一四九五年）自序。据北京图书馆藏明嘉靖三十八年（一五五九年）陆延枝刻本影印。载《续修四库全书》第一一六六册。

《寓圃杂记》 十卷，明·王锜撰。有明弘治十三年（一五〇〇年）序。中华书局《元明史料笔记丛刊》点校本，一九八四年。故宫博物院图书馆。

《水东日记》 四十卷，明·叶盛撰。叶盛，正统十年进士。有弘治年间常熟徐氏三十八卷刻本，嘉靖年间叶恭焕补刻为四十卷。中华书局《历代史料笔记丛刊》据清康熙十九年（一六八〇年）叶氏赐书楼刻本排印，一九八〇年。故宫博物院图书馆。

《明会典》　《大明会典》一百八十卷，明·李东阳等总裁，明正德四年（一五〇九年）刊刻。载《景印文渊阁四库全书》第六一七、六一八册。

正德朝《大同府志》　十八卷，明·张钦纂修。有正德癸酉（正德八年，一五一三年）十二月自序。据湖南图书馆藏明正德朝刻嘉靖朝增修本影印。载《四库全书存目丛书》史部第一八六册。

嘉靖朝《湖广图经志书》　二十卷，明·薛纲纂修，吴廷举续修，明嘉靖元年（一五二二年）刻本。有《续修湖广通志》嘉靖元年壬午五月吉日吴廷举序。书目文献出版社据日本尊经阁文库藏明嘉靖元年刻本影印，一九九一年。故宫博物院图书馆。又嘉靖朝《湖广通志》二十卷，纂修、续修者同上，明刻本，江苏广陵古籍刻印社影印，一九九一年。两书内容相同，惟因保存状况有异，可互补。

《山樵暇语》　十卷，明·俞弁撰，有明嘉靖七年（一五二八年）正月自序。据首都图书馆藏民国商务印书馆影印明朱象玄钞本影印。载《四库全书存目丛书》子部第一五二册。

《南雍志》　二十四卷，明·黄佐纂修。有嘉靖二十三年（一五四四年）仲夏自序。《四库提要》指出书中有记万历朝以后事，是后人随时续添者。据华东师范大学图书馆藏一九三一年江苏省立国学图书馆影印明嘉靖二十三年刻增修本影印。载《续修四库全书》第七四九册。

《殿阁词林记》　二十二卷，明·廖道南撰，有嘉靖乙巳（嘉靖二十四年，一五四五年）秋九月自序。载《景印文渊阁四库全书》第四五二册。

《明太学志》　《皇明太学志》十二卷，明·王材、郭鎜纂修，明嘉靖三十六年（一五五七年）刊刻，隆庆、万历朝递修。全国图书馆文献缩微复制中心拍摄（胶片），一九九二年。中国国家图书馆分馆。

《前闻记》　一卷，明·祝允明撰。载《丛书集成新编》第八七册。

《翰林记》　二十卷，明·黄佐撰。黄佐，正德辛巳（正德十六年，一五二一年）进士。《翰林记》载明代翰林掌故，始自洪武朝迄于正德嘉靖间。载《景印文渊阁四库全书》第五九六册。

《今言》　四卷，明·郑晓撰，有嘉靖四十五年（一五六六年）自序。中华书局《历代史料笔记丛刊》排印本，一九八〇年。故宫博物院图书馆。

嘉靖朝《怀庆府志》 十三卷，明·孟重修，刘泾纂。明嘉靖四十五年（一五六六年）刻本（胶片）。中国国家图书馆分馆。

隆庆朝《昌平州志》 八卷，明·崔学履纂修，明隆庆元年（一五六七年）刻本（胶片）。中国国家图书馆分馆。

万历朝《兖州府志》 五十一卷，明·朱泰、游季勋修，明万历元年（一五七三年）刊刻。载《天一阁藏明代方志选刊续编》第五二至五五册。

《奇闻类纪》 四卷，明·施显卿撰，有明万历四年（一五七六年）自叙。载《纪录汇编》卷二一二、二一三。

万历朝汪修《应天府志》 三十二卷，明·汪宗伊、程嗣功修，陈舜仁等纂，据明万历五年（一五七七年）刻增修本影印。载《稀见中国地方志汇刊》第一〇册。

万历朝《襄阳府志》 五十一卷，明·吴道迩纂修。明万历十二年（一五八四年）胡价序，北京图书馆藏明万历刻本。载《四库全书存目丛书》史部第二一一、二一二册。

万历朝《开封府志》 三十四卷，明·朱睦挈、曹金撰。据日本内阁文库藏明万历十三年（一五八五年）刻本影印。载《四库全书存目丛书补编》第七六册。

万历朝《明会典》 《大明会典》二百二十八卷，明·申时行等总裁，赵用贤等纂修，明万历十五年（一五八七年）刊行。江苏广陵古籍刻印社据明万历十五年刻本影印，一九八九年。故宫博物院图书馆。

《宛署杂记》 二十卷，明·沈榜撰，有明万历二十年（一五九二年）自序。北京古籍出版社排印本，一九八二年。故宫博物院图书馆。

万历朝程修《应天府志》 三十二卷，明程嗣功等纂修，明万历二十年（一五九二年）刻本。全国图书馆文献缩微复制中心拍摄（胶片），一九九二年，中国国家图书馆。

万历朝《顺天府志》 六卷，明·沈应文、张元芳纂修。府丞谭希思序署万历癸巳（万历二十一年，一五九三年）冬十月。据北京图书馆藏明万历刻本影印。载《四库全书存目丛书》史部第二〇八册。

《昭代典则》 二十八卷，明·黄光升编辑，明万历二十八年（一六〇〇年）万卷楼刊行。故宫博物院图书馆复印。故宫博物院图书馆。（正统十一年史料引《昭代典则》，使用《续修四库全书》版本）。

《大政纪》 《皇明大政纪》二十五卷，明·雷礼等辑。据吉林大学图书馆、北京大学图书馆藏明万历三十年（一六〇二年）秣陵周时泰博古堂刻本影印。载《四库全书存目丛书》史部第七、八册。

《万历野获编》 三十卷，补遗四卷，明·沈德符撰，有万历三十四年（一六〇六年）自序。中华书局《历代史料笔记丛刊》排印本。故宫博物院图书馆。

《玉堂丛语》 八卷，明·焦竑撰，有万历三十七年（一六〇九年）自序，同年刊刻。中华书局《历代史料笔记丛刊》排印本。故宫博物院图书馆。

万历朝《陕西通志》 三十五卷，首一卷，明·汪道亨、冯从吾纂修。有万历三十九年（一六一一年）序，明万历刻本。全国图书馆文献缩微复制中心拍摄（胶片），一九九二年。中国国家图书馆分馆。

《五杂组》 十六卷，明·谢肇淛撰。明万历四十四年（一六一六年）初刻。二〇〇六年中华全国图书馆缩微复制中心据一九三五年上海中央书局点校本影印，收入《中国文献珍本丛书》。故宫博物院图书馆。按谢国桢《明清笔记谈丛》（上海古籍出版社，一九八一年）作《五杂俎》。按《中国善本书提要》作《五杂俎十六卷》。

万历朝《山西通志》 三十卷，明·李维桢修。李维桢任山西按察使时组织修志，明万历四十四年（一六一六年）毕稿，继任祝徽于明崇祯二年（一六二九年）刊刻并作序。载《稀见中国地方志汇刊》第四册。

《纪录汇编》 二百一十六卷，丛书。明·沈节甫辑，有明万历丁巳（万历四十五年，一六一七年）陈于廷序。《中国文献珍本丛书》影印，中华全国图书馆缩微复制中心，一九九四年。故宫博物院图书馆。

《典故纪闻》 《皇明典故纪闻》十八卷，明·余继登撰，于明万历时王象乾刊刻。余继登，明万历五年（一五七七年）进士，官至礼部尚书。中华书局《历代史料笔记丛刊》排印本，一九八一年。故宫博物院图书馆。

《明通纪述遗》 《皇明通纪述遗》十二卷，明·卜世昌、屠衡撰。据湖北省图书馆藏明万历刻本影印。载《四库全书存目丛书》史部第一四册。

《国朝典故》 一百一十卷，丛书。明·邓士龙辑。北京大学图书馆善本室藏明万历刻本。北京大学出版社据以点校排印，一九九三年。故宫博物院图书馆。

《长安客话》 八卷，明·蒋一葵著。一九六〇年北京出版社据北京图书馆藏明抄本排印出版，其出版说明认定本书为明万历时蒋一葵著。北京古籍出版社据此版重新排印，二〇〇一年。故宫博物院图书馆。

《涌幢小品》 三十二卷，明·朱国祯撰，有明天启壬戌（天启二年，一六二二年）九月跋语。据辽宁大学图书馆藏刻本影印。载《四库全书存目丛书》子部第一〇六册。又《涌幢小品》三十二卷，据兵部侍郎纪昀家藏本复印。故宫博物院图书馆。

《国朝典汇》 二百卷，明·徐学聚撰。据中国科学院图书馆藏明天启四年（一六二四年）徐与参刻本影印。载《四库全书存目丛书》史部第二六四至二六六册。

朱国祯《大政记》 《皇明大政记》三十六卷，明·朱国祯辑，有崇祯五年（一六三二年）三月书引。据中国科学院图书馆藏明崇祯刻皇明史概本影印。载《四库全书存目丛书》史部第一六册。

崇祯朝《曲阜县志》 六卷，明·孔弘毅纂修，明崇祯八年（一六三五年）刻本（胶片有残损）。中国国家图书馆分馆。

《帝京景物略》 八卷，明·刘侗、于奕正撰，有崇祯八年（一六三五年）自序。北京古籍出版社排印本，一九八〇年。故宫博物院图书馆。

《明经世文编》 《皇明经世文编》，五百零四卷，补遗四卷，明陈子龙等选辑，明崇祯十一年（一六三八年）定稿。中华书局以上海图书馆、武汉科学院图书馆、兰州市图书馆、旅大市图书馆所藏的四部比较完整的印本，逐页比对，选择抽换，配合成为一部最完整的书影印出版，一九六二年。故宫博物院图书馆。

崇祯朝《吴县志》 五十四卷，首一卷，明·牛若麟修，王焕如纂，明崇祯十五年（一六四二年）刊刻。载《天一阁藏明代方志选刊续编》第一五至一九册。

《国榷》 一百零四卷，首四卷，清·谈迁撰，自明天启元年（一六二一年）开始写作，经二十年最终完成。北京古籍出版社点校本，一九五八年。故宫博物院图书馆。

《明史纪事本末》 八十卷，清·谷应泰撰，有清顺治十五年（一六五八年）冬十月自序。中华书局点校排印本，一九九七年。故宫博物院图书馆。

《春明梦余录》 七十卷，清·孙承泽撰，清顺治十七年（一六六〇年）重订。北京古籍出版社排印本，一九九二年。故宫博物院图书馆。

康熙朝《江宁府志》 三十四卷，清·陈开虞纂，清康熙七年（一六六八年）刻本，（缺卷一至十一、二十一至二十三）。故宫博物院图书馆。

康熙朝《安陆府志》 三十六卷，首一卷，清·张尊德修，王吉人等纂，清康熙八年（一六六九年）刻，今据钞本影印。载《中国地方志集成》湖北府县志辑（四二）。二〇〇一年。

《天府广记》 四十四卷，清·孙承泽撰，清康熙十年（一六七一年）书成。北京古籍出版社排印本，一九八四年。故宫博物院图书馆。

《罪惟录》 纪二十二卷，志三十二卷，传三十六卷。清·查继佐撰，清康熙十一年（一六七二年）书成。浙江古籍出版社点校排印，一九八六年。故宫博物院图书馆。据本书附录，《罪惟录》各传钞本卷数不同，《四部丛刊》编印为一百零二卷。

康熙朝《昌平州志》 二十六卷，首一卷，清·吴都梁修，潘问奇等纂，有清康熙十二年（一六七三年）徐化成序。据清康熙十二年澹然堂刻本影印。载《中国地方志集成》北京府县志辑（四），二〇〇二年。

《明书》 一百七十一卷，清·傅维麟撰，清康熙十五年（一六七六年）撰毕。中华书局排印本，一九八五年。故宫博物院图书馆。

《昌平山水记》 两卷，清·顾炎武撰。据上海辞书出版社图书馆藏清吴江潘氏遂初堂刻本影印，载《续修四库全书》第七二一册。

康熙朝《兖州府志》 四十卷，首一卷，清·张鹏翮等纂修，清康熙二十五年（一六八六年）刻本。中国国家图书馆分馆。

《寄园寄所寄》 十二卷，清·赵吉士撰，清康熙三十五年（一六九六年）刻本，据以影印。载《续修四库全书》第一一九六、一一九七册。

康熙朝《通州志》 十二卷，清・吴存礼修，陆茂腾纂，据清康熙三十六年（一六九七年）刻本影印。载《中国地方志集成》北京府县志辑（六），二〇〇二年。

康熙朝《怀柔县新志》 八卷，清・吴景果纂修，据清康熙六十年（一七二一年）刻本影印。载《中国地方志集成》北京府县志辑（五），二〇〇二年。

康熙朝《顺天府志》 八卷，清・张吉午纂修。中华书局排印，阎崇年校注，认定成书于清康熙年间。二〇〇九年。故宫博物院图书馆。

康熙朝《武昌府志》 十六卷，清・杜毓秀等修，清康熙朝抄本。北京图书馆摄制，一九八五年，全国图书馆微缩文献复制中心拍摄（胶片），二〇〇五年。中国国家图书馆分馆。

《图书集成・职方典》 《古今图书集成・方舆汇编・职方典》一千五百四十四卷，清・陈梦雷编纂，蒋廷锡校订，清雍正四年（一七二六年）活字印刷。中华书局、巴蜀书社影印，一九八五年。故宫博物院图书馆。

《图书集成・考工典》 《古今图书集成・经济汇编・考工典》二百五十二卷，清・陈梦雷编纂，蒋廷锡校订，清雍正四年（一七二六年）活字印刷。中华书局、巴蜀书社影印，一九八五年。故宫博物院图书馆。

雍正朝《山西通志》 二百三十卷，清・觉罗石麟监修，储大文等编纂。雍正十二年（一七三四年）刻本。载《景印文渊阁四库全书》第五四二至五五〇册。

《二申野录》 八卷，清・孙之騄辑。孙之騄，清雍正年间曾任浙江省庆元县教谕。据天津图书馆藏清初刻本影印。载《四库全书存目丛书》史部第五六册。

《清世宗御制文》 三十卷，故宫博物院编，载《故宫珍本丛刊》第五四八册。

《明史》 三百三十二卷，清・张廷玉等撰，清乾隆四年（一七三九年）刊行。中华书局点校本，一九七四年。故宫博物院图书馆。

康熙朝《清一统志》 《大清一统志》三百五十六卷，清・陈悳华等奉敕纂修，康熙二十五年始设馆纂修，有清乾隆九年（一七四四年）御制序。重刊清乾隆年武英殿刊本。故宫博物院图书馆。

《大岳太和山纪略》 八卷，清·王槩等修，姚世倌等纂。有清乾隆九年（一七四四年）王槩序。载《故宫珍本丛刊》第二六一册。

乾隆朝《镇江府志》 五十五卷，首一卷，清康熙二十四年（一六八五年）高龙光、张九征等纂修，乾隆十五年朱霖等增补。据清乾隆十五年（一七五〇年）增刻本影印。载《中国地方志集成》江苏府县志辑（二七），一九九一年。

乾隆朝《上元县志》 二十七卷，首一卷，末一卷，清·蓝应袭撰，何梦篆，程廷祚纂。江苏广陵古籍刻印社据清乾隆十六年（一七五一年）刻本影印。故宫博物院图书馆。

《通鉴辑览》 《御批历代通鉴辑览》一百二十卷，清·傅恒等奉敕纂修，清乾隆三十三年（一七六八年）告成进呈。载《景印文渊阁四库全书》第三三五至三三九册。

乾隆朝《兖州府志》 三十二卷，首一卷，图考一卷，清·觉罗普尔泰修、陈顾纂。据清乾隆三十五年（一七七〇年）刻本影印。载《中国地方志集成》山东府县志辑（七一），二〇〇四年。

乾隆朝《曲阜县志》 一百卷，清·潘相等纂修。据清乾隆三十九年（一七七四年）刻本影印，载《中国地方志集成》山东府县志辑（七三），二〇〇四年。

《通鉴纲目三编》 《御定资治通鉴纲目三编》四十卷，清·张廷玉奉敕撰，清乾隆四十年（一七七五年）刊。载《景印文渊阁四库全书》第三四〇册。

乾隆朝《西安府志》 八十卷，卷首一卷，清·舒其绅修，严长明纂，清乾隆四十四年（一七七九年）刻本。中国国家图书馆分馆。

清《续通考》 《钦定续文献通考》二百五十卷。清乾隆十二年（一七四七年）三通馆始奉敕撰。嵇璜、刘墉等总裁。乾隆四十九年纪昀等总纂官校毕恭上。浙江古籍出版社影印，一九八八年十一月。故宫博物院图书馆。

《日下旧闻考》 《钦定日下旧闻考》一百六十卷，清·于敏中等编纂，清乾隆五十年至五十二年（一七八五—一七八七年）刊刻。北京古籍出版社据内府刻本标点排印，一九八一年。故宫博物院图书馆。

乾隆朝《德州志》 十二卷，首一卷，清·王道亨修，张庆源纂。据清乾隆五十三年（一七八八年）刻本影印。载

《中国地方志集成》山东府县志辑（十），二〇〇四年。
《宸垣识略》 十六卷，清·吴长元辑，有乾隆五十三年（一七八八年）自序。北京古籍出版社排印本，一九八三年。故宫博物院图书馆。
嘉庆朝《四川通志》 二百零四卷，首二十二卷。清·常明等修，杨芳灿等纂。据嘉庆二十一年（一八一六年）刻本再版。成都巴蜀书社，一九八四年。中国国家图书馆分馆。
道光朝《大同县志》 二十卷，首一卷，末一卷，清·黎中辅纂修。据清道光十年（一八三〇年）刻本影印，载《中国地方志集成》山西府县志辑（五），二〇〇五年。
道光朝《国子监志》 《钦定国子监志》八十二卷，清·文庆、李宗昉等纂辑，清道光十四年（一八三四年）书成。载《故宫珍本丛刊》第二七五至二七七册。
《明通鉴》 前编四卷，正编九十卷，附编六卷，清·夏燮撰，清同治十二年（一八七三年）初刻。上海古籍出版社据湖北官书处重校本影印，一九九〇年。故宫博物院图书馆。
《同治上江两县志》 二十九卷，首一卷，清·莫祥芝、甘绍盘修，汪士铎等纂。据清同治十三年（一八七四年）刻本影印。载《中国地方志集成》江苏府县志辑（四），一九九九年。
《京师坊巷志稿》 上下卷，清·朱一新著。有光绪十一年（一八八五年）六月义乌朱一新序。载《北京古籍丛书》，北京古籍出版社据北京出版社一九六二年铅印版排印，二〇〇一年。故宫博物院图书馆。
光绪朝《昌平州志》 十八卷，清·吴履福等修，缪荃孙发凡起例。有光绪十一年（一八八五年）前任霸昌道续昌序。据清光绪十二年（一八八六年）刻本影印。载《中国地方志集成》北京府县志辑（四），二〇〇二年。
《茶余客话》 二十二卷，清·阮葵生撰。据复旦大学图书馆藏清光绪十四年（一八八八年）铅印本影印。载《续修四库全书》第一一三八册。
光绪朝《顺天府志》 一百三十八卷，清·周家楣、缪荃孙编纂。据清光绪十五年（一八八九年）重印复校本整理、标点。北京古籍出版社，一九八七年。中国紫禁城学会。

光绪朝《昌平外志》 六卷，清・麻兆庆撰。据清光绪十八年（一八九二年）刻本影印。载《中国地方志集成》北京府县志辑（四），二〇〇二年。

《金陵历代建置表》 一卷，清・傅春官纂，有光绪二十三年（一八九七年）夏四月自序。中华书局据金陵丛刻本排印，一九八五年。故宫博物院图书馆。

《明会要》 八十卷，清・龙文彬纂，清光绪年间刻本。中华书局点校排印本，一九五六年。故宫博物院图书馆。

《明宫词》 近人辑录，收录明宁王朱权至清史梦兰、饶智元所作明宫词十五种。北京古籍出版社排印本，一九八七年。故宫博物院图书馆。

民国《临清县志》 十六卷，首一卷。张自清、张树梅、王贵笙纂修，据一九三四年铅印本影印。载《中国地方志集成》山东府县志辑（九五），二〇〇四年。

《中国明朝档案总汇》 一百零一册，中国第一历史档案馆、辽宁省档案馆编，广西师范大学出版，二〇〇一年。故宫博物院图书馆。

《景印文渊阁四库全书》 一千五百册，台湾『商务印书馆』发行，一九八六年。故宫博物院图书馆。

《四库全书存目丛书》 一千二百册，《四库全书存目丛书》编纂委员会编，主任：刘俊文，总编纂：季羡林。按经、史、子、集四部编目。齐鲁书社出版发行，一九九七年。故宫博物院图书馆。

《四库全书存目丛书补编》 一百册，中国东方文化研究会历史文化分会策划，《四库全书存目丛书补编》编纂委员会编，按经、史、子、集编目。齐鲁书社出版发行，二〇〇一年。故宫博物院图书馆。

《续修四库全书》 一千八百册，《续修四库全书》编纂委员会、复旦大学图书馆古籍部编，主任：宋木文，主编：顾廷龙，按经、史、子、集四部分类编目。上海古籍出版社出版发行，二〇〇三年。故宫博物院图书馆。

《丛书集成新编》 一百二十册，新文丰出版公司编辑部编。新文丰出版公司出版，一九八六年。故宫博物院图书馆。

《丛书集成续编》 二百八十册，新文丰出版公司编辑部编。新文丰出版公司出版，一九九一年。故宫博物院图书馆。

《北京图书馆古籍珍本丛刊》 一百二十册，北京图书馆古籍出版编辑组，分经、史、子、集四部。书目文献出版社出版，一九八八年。故宫博物院图书馆。

《**故宫珍本丛刊**》 七百三十一册，卷首一册，主编：朱家溍，副主编：杨新，徐启宪。故宫博物院编，海南出版社出版发行，二〇〇〇年。故宫博物院图书馆。

《**天一阁藏明代方志选刊**》 六十八册，共选宁波天一阁藏明代方志一百零七种。上海古籍书店据天一阁藏本影印。二十世纪六十年代。故宫博物院图书馆。

《**天一阁藏明代方志选刊续编**》 七十二册，共选宁波天一阁藏明代方志一百零九种。上海书店据天一阁藏本影印，二十世纪九十年代。故宫博物院图书馆。

《**中国地方志集成**》 江苏古籍出版社、上海书店、巴蜀书社于一九八七年决定通力合作，将全国各地所藏的较有使用价值的历代志书汇集起来，辑为《中国地方志集成》，影印出版。据有关专家对全国馆藏的调查，全国现存的历代方志约八千余种，十一万卷。《中国地方志集成》从中选择收录三千余种、四万七千余卷，包括各地的通志、府志、州志、厅志、县志、乡镇志，以及山水志、寺庙志、园林志等。故宫博物院图书馆。

《**稀见中国地方志汇刊**》 五十册，中国科学院图书馆选编，中国书店影印出版，一九九二年。故宫博物院图书馆。

后记

《明代宫廷建筑大事史料长编·正统景泰天顺朝卷》共收录史料一千八百六十条。这一时期的历史大事是明英宗亲征蒙古瓦剌部失利，被也先俘获虏走；郕王继立为景泰皇帝、坚守北京。宫廷大事是英宗复辟。而这一时期宫廷建筑大事，莫过于正统年间对北京城池的完善和对皇城三殿两宫的修复了。永乐时期开创的新首都北京的建设，至此收获了一个完美的结局。《明代宫廷建筑大事史料长编·永乐洪熙宣德朝卷》和本卷，为中国建筑史的这一重大历史事件，提供了足以复原其全过程的丰富史料。历史上，一般把永乐十八年（一四二〇年）作为『营建北京城』的标志之年，明年是明北京城和紫禁城建成六百周年的纪念之年，谨以本书作为我们微薄的献礼。

本卷规模与上一卷大体相当，全书编排一如既往。仅『凡例』和『关键词分类索引』的小类稍有调整，小类之下为体现关键词自身内在关系，取消了按音序排序的做法。

参与本卷编纂的工作人员，有晋宏逵、刘志峰、杨文概、田宝珠、沈燕、松洋。具体分工是：晋宏逵主持编纂工作，审定史料、征引书目，执笔『凡例』『关键词分类索引』。刘志峰、杨文概、田宝珠做史料核对、补充、编辑。田宝珠并做征引书目编辑。沈燕、松洋负责对选定史料进行扫描、复制、整理存储和纸质文书的计算机录入、编排等全部技术工作。故宫博物院图书馆始终如一地为本书所引史料的反复核定提供了大量的、高质量的服务。

在本卷编纂工作全部完成、并马上将投入下一卷工作的时候，我们由衷地感谢故宫博物院领导对此项工作的长期支持，感谢故宫博物院图书馆、古建部不厌其烦地协助我们的工作，感谢故宫出版社为本书所做的持续努力，感谢所有对本项目做出贡献的人士。由于我们水平不高，编辑这样规模巨大、内容广泛的工具书经验不足，书中错漏不当之处，敬请读者和专家不吝指正。

中国紫禁城学会《明清宫廷建筑大事史料长编》编纂室

二〇一九年八月

图书在版编目（CIP）数据

明代宫廷建筑大事史料长编．正统景泰天顺朝卷 ／ 晋宏逵主编 ；中国紫禁城学会编纂．-- 北京 ：故宫出版社，2020.12
ISBN 978-7-5134-1332-9

Ⅰ．①明… Ⅱ．①晋… ②中… Ⅲ．①宫廷－建筑史－史料－中国－明代 Ⅳ．①TU-092.48

中国版本图书馆CIP数据核字(2020)第150752号

故宫学资料丛编·宫廷建筑类

明代宫廷建筑大事史料长编·正统景泰天顺朝卷

编纂：中国紫禁城学会
策划：万依　魏文藻　秦国经　郑连章
本卷主编：晋宏逵
编务：刘志峰　杨文概　田宝珠　沈燕　松洋
责任编辑：熊娟
责任印制：常晓辉　顾从辉
出版发行：故宫出版社
地址：北京市东城区景山前街4号　邮编：100009
电话：010-85007800　010-85007817
邮箱：ggcb@culturefc.cn
制版：北京印艺启航文化发展有限公司
印刷：北京启航东方印刷有限公司
开本：889毫米×1194毫米　1/16
印张：78.5
字数：1200千字
版次：2020年12月第1版第1次印刷
印数：1000册
书号：ISBN 978-7-5134-1332-9
定价：660.00元